四川盆地东北部飞仙关组高含硫气藏地质特征

青 春 文华国 张 航 等著

U0263541

科学出版社

北 京

内 容 简 介

本书是一部介绍我国四川盆地东北部高含硫鲕滩气藏地质特征的著作，汇集了川东北地区近 40 年来的地质勘探成果。本书通过分析飞仙关组高含硫气藏的构造特征、地层特征、沉积特征、烃源特征、储层特征、封盖特征、气藏流体性质特征及成藏模式和主控要素，指出鲕滩气藏的富集规律。本书采用理论与实践相结合的写作方法，具有较强的理论指导和实际应用价值。

本书可供从事复杂地区天然气勘探开发的科研人员、生产技术管理工作者使用，也可作为石油天然气大专院校有关专业师生的参考书。

图书在版编目(CIP)数据

四川盆地东北部飞仙关组高含硫气藏地质特征 / 青春等著. —北京：科学出版社，2024.3
  ISBN 978-7-03-078153-6

  Ⅰ.①四… Ⅱ.①青… Ⅲ.①四川盆地-含硫气体-气藏-地质特征-研究 Ⅳ.①TE37

中国国家版本馆 CIP 数据核字（2024）第 045122 号

责任编辑：黄　桥 / 责任校对：彭　映
责任印制：罗　科 / 封面设计：墨创文化

科学出版社 出版

北京东黄城根北街16号
邮政编码：100717
http://www.sciencep.com

成都锦瑞印刷有限责任公司 印刷
科学出版社发行　各地新华书店经销

*

2024 年 3 月第　一　版　　开本：787×1092 1/16
2024 年 3 月第一次印刷　　印张：8 1/4
字数：196 000
定价：138.00 元
（如有印装质量问题，我社负责调换）

本书作者

青　春　文华国　张　航　史建南

任　阳　曾令平

前　言

　　四川盆地东北部飞仙关组高含硫鲕滩气藏资源潜力大，勘探开发前景好。这对我国海相碳酸盐岩油气勘探具里程碑意义，同时也是川渝两地《共同推进成渝地区双城经济圈能源一体化高质量发展合作协议》中川渝天然气千亿立方米产能建设项目的重要组成部分。近年来，随着勘探开发力度的不断加大，川东北地区飞仙关组高含硫气藏储层非均质性强、多期鲕滩发育区叠置关系复杂、圈闭类型多样、气藏压力系统不一致、气水特征复杂、气藏含气组分差异大、油气成藏特征与富集机理复杂等一系列勘探领域的技术瓶颈和难题亟须攻克与解决。在此背景下，川东北地区的科研人员经过多年的不断探索和实践，创新工作思路，运用复杂油气藏地质综合研究方法，将地质与地震勘探技术紧密结合，开展滩体发育的受控因素、储层机理、展布规律研究，明确了飞仙关组高含硫鲕滩气藏的基本地质特征和有利富集区带，优选勘探目标，形成了一系列成熟的、行之有效的技术，取得了显著的效果，深化了对该地区地质特征的认识，充分体现了科学技术是第一生产力，实现了油气藏高效、环保、经济的勘探开发，提高了高含硫气田产能，使川东北地区的天然气生产得到了可持续发展，同时为同类复杂油气藏的勘探开发提供了理论依据及技术支持。

　　本书综合运用构造地质学、旋回地层学、现代沉积学、碳酸盐岩储层地质学、油气成藏动力学等学科的理论和方法，通过野外地质观测、室内综合分析、多方法的实验测试分析手段和数值模拟技术，分别开展了四川盆地东北部飞仙关组高含硫气藏的构造特征、地层特征、沉积特征、烃源特征、储层特征、封盖特征、气藏流体性质特征及成藏模式和主控要素等方面的系统研究，取得了一些成果与认识，全面展示了川东北地区高含硫鲕滩气藏高效勘探开发的成就与进步，可为该地区以及国内外同类气藏的高效安全勘探开发提供借鉴。通过本书的编写，期望能总结经验、认识规律、发展技术、明确方向，进一步加快四川盆地东北部飞仙关组高含硫气藏的高效勘探开发，并以此书献给从事川东北地区天然气勘探开发的全体工作者。

　　全书共 8 章。在编写过程中，中国石油西南油气田分公司、成都理工大学等单位、院校的领导和专家给予了指导和帮助，在此表示衷心的感谢。此外，向所有对本书提供指导、帮助的领导和员工及引用参考资料的有关作者表示深深的谢意。

　　鉴于编者水平有限，书中难免存在疏漏之处，请读者批评指正，特此表示衷心感谢。

作　者
2023 年 6 月

目　录

第一章　区域概况及勘探现状 ·· 1

　第一节　区域概况 ··· 1

　第二节　勘探现状 ··· 2

第二章　飞仙关组高含硫气藏构造特征 ······································ 5

　第一节　构造演化特征 ··· 5

　第二节　构造层划分及断裂特征 ··· 7

　　一、构造层划分 ··· 7

　　二、断裂特征 ··· 9

　第三节　构造样式分析 ·· 10

第三章　飞仙关组高含硫气藏地层层序与沉积特征 ··························· 13

　第一节　地层特征 ·· 13

　第二节　层序划分 ·· 24

　第三节　沉积特征 ·· 27

　　一、飞仙关组沉积相及微相的划分 ···································· 27

　　二、沉积相纵横向分布特征及演化规律 ································ 37

第四章　飞仙关组高含硫气藏烃源岩特征 ···································· 42

　第一节　油气源对比 ·· 42

　第二节　烃源岩地球化学特征 ·· 48

　第三节　烃源岩空间展布特征 ·· 54

　　一、早侏罗世生油高峰期 ·· 54

　　二、中侏罗世末进入生气演化期 ······································ 55

　　三、现今生气演化期 ·· 56

第五章　飞仙关组高含硫气藏储层特征 ······································ 57

　第一节　储层岩石学特征与储集空间类型 ································ 57

　　一、岩石学特征 ·· 57

　　二、储集空间类型 ·· 63

　第二节　储层物性特征及孔渗关系 ······································ 69

　　一、物性特征 ·· 69

　　二、孔渗关系 ·· 71

　第三节　储层主控因素与空间展布 ······································ 71

　　一、储层主控因素 ·· 71

二、储层空间展布特征 ………………………………………………… 78

第六章 飞仙关组高含硫气藏封盖特征 …………………………………… 81
  第一节 直接盖层 ……………………………………………………… 81
  第二节 间接盖层 ……………………………………………………… 81

第七章 飞仙关组高含硫气藏流体性质特征 …………………………… 86
  第一节 气藏流体组分特征 …………………………………………… 86
  第二节 气藏温压场特征 ……………………………………………… 87
    一、温度场特征 …………………………………………………… 88
    二、压力场特征 …………………………………………………… 90
  第三节 气藏油气充注历史 …………………………………………… 92

第八章 飞仙关组高含硫气藏成藏模式与圈闭评价 …………………… 100
  第一节 气藏特征与成藏模式 ………………………………………… 100
    一、典型气藏特征 ………………………………………………… 100
    二、成藏过程与成藏模式 ………………………………………… 109
  第二节 成藏主控因素与圈闭评价 …………………………………… 116
    一、成藏主控因素与富集规律 …………………………………… 116
    二、圈闭评价与资源潜力 ………………………………………… 120

参考文献 …………………………………………………………………… 124

第一章 区域概况及勘探现状

第一节 区 域 概 况

四川盆地东北部涵盖四川省宣汉县、万源市和重庆市城口县、开州区的部分地区，总面积约 13000km²。区域内气候温和，地表总体起伏较大，相对高差变化较大。区域构造位于四川盆地川东南中隆高陡构造区北端，西起铁山坡构造，东至马槽坝构造，北起熊家坡构造，南至天成寺构造(图 1-1)。相带位置总体属于开江—梁平海槽东侧。

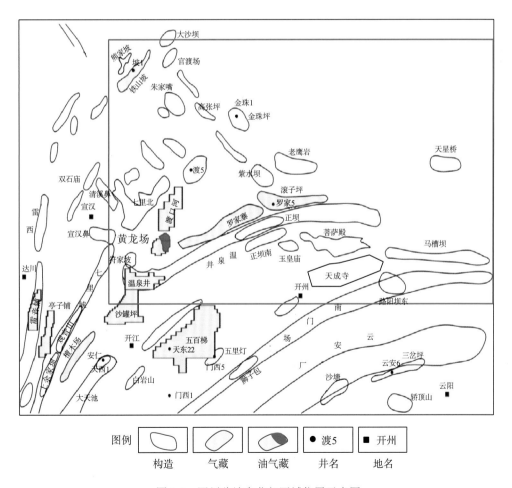

图 1-1　四川盆地东北部区域位置示意图

第二节　勘　探　现　状

　　最早于 20 世纪 60 年代在四川盆地石油沟构造上发现飞仙关组气藏，20 世纪 70 年代末至 80 年代随着石炭系的发现及勘探进程的不断深入，在川东中部地区新市、板东、福成寨、铁山南等构造也发现了飞仙关组气藏，但作为主要的专层勘探目标在 20 世纪 90 年代中后期才开始，以四川盆地东北部为勘探重点，经过多年来对礁滩领域的深入研究，取得了一系列的成果与认识，并发现了以普光、罗家寨、铁山坡、七里北、滚子坪为代表的多个大中型高含硫气藏。近年来，川东北地区开江—梁平海槽东侧鲕滩气藏滚动勘探开发继续呈现一系列新苗头，如黄龙场构造黄龙 009-H1 井飞仙关组钻遇 $114.32×10^4m^3/d$ 的高产气流；金溪 2 井、九龙 1 井钻遇飞仙关组鲕滩白云岩储层，揭示了坡西地区西北方向台缘带的存在。总体来看，四川盆地东北部飞仙关组滩相高含硫气藏资源潜力巨大。截至 2022 年 5 月，飞仙关组取心总长达 3000 多米，其中主要钻井的取心情况如表 1-1 所示。

表 1-1　四川盆地东北部飞仙关组主要钻井取心情况一览表

区块	井号	层位	井段/m	进尺/m	心长/m
罗家寨	罗家 1	T_1f	3464.50～3541.77	77.27	76.83
	罗家 2	T_1f	3194.70～3304.26	109.56	109.56
	罗家 6	T_1f	3924.15～3936.50；3949.81～3969.24	31.78	31.78
	罗家 7	T_1f	3941.20～3950.30	9.10	9.10
滚子坪	罗家 9	T_1f	3104.50～3115.59；3139.50～3176.98	48.57	45.90
	罗家 5	T_1f	2934.55～3006.63	72.08	70.26
黄龙场	黄龙 1	T_1f	3944.00～3948.00	4.00	3.52
	黄龙 2	T_1f	3991.00～3994.70	3.70	3.33
	黄龙 3	T_1f	3777.06～3786.26	9.20	9.20
	黄龙 4	T_1f	3585.55～3623.31	37.76	37.76
	黄龙 5	T_1f	4354.60～4405.28	50.68	49.89
	黄龙 8	T_1f	3124.19～3136.00；3153.50～3186.00	44.31	50.07
渡口河	渡 1	T_1f	4303.00～4309.91；4345.00～4357.00	18.91	18.91
	渡 2	T_1f	4270.42～4287.48；4357.93～4383.41	42.54	42.57
	渡 3	T_1f	4262.00～4344.48	82.48	80.10
	渡 4	T_1f	4192.00～4280.35	88.35	88.35
	渡 5	T_1f	4713.00～4854.00	141.00	140.12
	渡 6	T_1f	4477.00～4485.00	8.00	8.00
七里北	七里北 1	T_1f	5789.22～5844.90	55.68	55.26
	七北 102	T_1f	5772.00～5790.00	18.00	17.96

续表

区块	井号	层位	井段/m	进尺/m	心长/m
铁山坡	坡 1	T_1f	3329.33～3347.97；3420～3474.42	73.06	71.76
	坡 2	T_1f	4007.12～4023.56；4024.56～4107.52；4156.00～4182.55	125.95	122.21
	坡 3	T_1f	3422.84～3431.44；3521.50～3608.00	95.10	85.90
	坡 4	T_1f	3366.15～3386.24；3521.20～3531.23	30.12	29.83
	坡东 1	T_1f	5026.48～5035.68；5167.98～5195.90	37.12	37.03
	坡西 1	T_1f	4935.05～4962.05	27.00	27.00
普光	普光 1	T_1f	5297.92～5429.35	131.43	16.23
	普光 2	T_1f	4775.19～5201.86	426.67	277.12
	普光 7	T_1f	5508.66～5898.83	390.17	16.30
金珠坪	金珠 1	T_1f	2820.00～2827.92；2876.20～2950.69；2969.15～3013.50	126.76	126.76
朱家嘴	朱家 1	T_1f	5456.00～5474.00；5488.00～5506.40；5559.00～5615.00	92.4	128.40
盐井坝	五龙 1	T_1f	6632.91～6647.60；6728.04～6736.91	23.56	23.14
杨家坪	杨家 1	T_1f	5870.00～5876.58	6.58	6.05
东升	东升 1	T_1f	6123.00～6141.50	18.50	18.50
菩萨殿	菩萨 1	T_1f	3783.00～3792.40	9.40	9.40
	菩萨 2	T_1f	3671.50～3690.26	18.76	18.74
正坝	正坝 1	T_1f	1801.00～1857.50	56.50	56.50
坝南	坝南 1	T_1f	3976.00～3994.01	18.01	18.01
马槽坝	马槽 2	T_1f	2528.09～2531.19	3.10	3.10
老鹰岩	鹰 1	T_1f	2788.00～2795.39（正眼）；2812.00～2878.40（侧眼）	73.79	73.79
紫水坝	紫 1	T_1f	3416.00～3484.60	68.60	68.55
	紫 2	T_1f	3349.00～3386.00	37.00	37.00
月溪场	月溪 1	T_1f	4479.00～4489.01	10.01	9.09
黄金口	黄金 1	T_1f	5638.00～5743.50	105.50	51.76

　　按照目前飞仙关组高含硫气藏的勘探开发程度，可以把四川盆地东北部划分为西北区带、中西区带和东南区带三个区块。其中西北区带以坡西地区为主，整体勘探程度低，目前完钻井 4 口，区内地震资料以二维测线为主，仅青草坪地区为三维地震覆盖（覆盖面积为 178km²)，整体处于勘探初期；中西区带的铁山坡—普光—渡口河—黄龙场—罗家寨区块整体勘探程度较高，沿台缘带地区主要构造基本被三维地震覆盖，满覆盖面积为 776.637km²，资料面积为 1586.71km²，区内圈闭基本进行了钻探，包括铁山坡、普光、渡口河、七里北、罗家寨、黄龙场、金珠坪和滚子坪等区块；东南区带的温泉井—马槽坝区块勘探程度较坡西区块高，区内地震资料以二维测线为主，2017 年完成 270km² 三维地震勘探部署，目前处于滚动勘探开发阶段，已发现马槽坝、菩萨殿两个含气构造。目前，四川盆地东北部飞仙关组高含硫鲕滩气藏累获探明储量超 5000×10⁸m³（表 1-2)，研究区作为鲕滩大中型高含硫气藏的主要发育区，具有巨大的勘探开发潜力。

表 1-2　四川盆地东北部飞仙关组主要高含硫鲕滩气藏探明储量统计表

区块	计算单元	主要工业气井	含气面积 /km²	探明储量 /10⁸m³
铁山坡	坡 2、坡 5	坡 1、坡 2、坡 4、坡 5	24.87	373.97
金珠坪	金珠 1、金珠 2	金珠 1	11.76	26.86
罗家寨	罗家 1、罗家 2、罗家 4、罗家 6	罗家 1、罗家 2、罗家 4、罗家 6、罗家 7	76.90	581.08
滚子坪	罗家 5、罗家 9	罗家 5、罗家 9、罗家 10	49.79	138.97
渡口河	渡 1、渡 2、渡 3、渡 4	渡 1 侧、渡 2、渡 3、渡 4	33.80	359.00
七里北	七里北 1、七北 102、七北 103	七里北 1、七北 102	63.69	228.78
普光	普光 1、普光 2、普光 7、普光 11	普光 1、普光 2、普光 7、普光 11	50.00	3560.00
黄龙场	黄龙 6、黄龙 8、黄龙 9	黄龙 6、黄龙 8、黄龙 9、黄龙 009-H1	18.98	75.39

第二章　飞仙关组高含硫气藏构造特征

第一节　构造演化特征

四川盆地经历了以加里东、海西、印支、燕山及喜马拉雅运动为主的多期构造运动叠加。以燕山运动为界，可分为性质明显不同的两大阶段：燕山期以前以升降运动为主，区内 Z_2—T 地层经历了加里东、海西和印支三大构造旋回[图 2-1(b)～(d)]。在这三个旋回中，均以升降作用为主，局部隆升和下降的继承性交替活动是主要的构造现象，也是控制川东北地区晚古生代，特别是晚石炭世沉积格局和古岩溶地质、地貌特征的主要构造因素。燕山期及之后的喜马拉雅运动以水平运动为主[(图 2-1(a)]，盆地遭受了来自大巴山构造带、米仓山构造带和武陵—雪峰构造带的水平挤压作用，导致地层强烈褶皱，形成川东北地区以 NE 向为主体的高陡狭长背斜带和宽缓向斜相间组成的"隔挡式"构造格局。

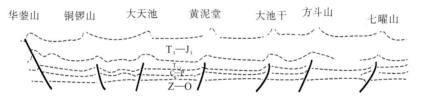

(a)燕山晚期—喜马拉雅旋回

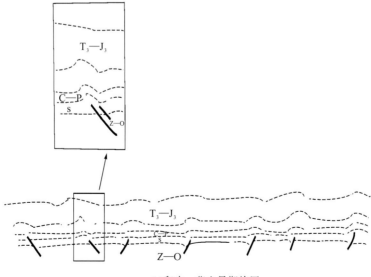

(b)印支—燕山早期旋回

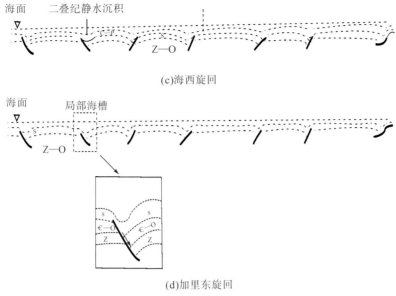

(c)海西旋回

(d)加里东旋回

图 2-1　川东北地区构造-沉积演化简图

　　研究区内与礁滩地层构造演化关系最为密切的构造运动主要为东吴运动、印支运动、燕山运动与喜马拉雅运动。

　　(1)东吴运动：发生于早、晚二叠世之间，使扬子准地台在经历了早二叠世海盆沉积后再次抬升为陆，上、下二叠统在广大地区内呈假整合接触。从下二叠统后期剥蚀情况看，抬升幅度较大的地区在大巴山、龙门山一带。从晚二叠世早期开始，扬子准地台还存在张裂运动，盆地西南部和康滇古陆可见到大规模的玄武岩发育，盆地内部沿龙泉山、华蓥山及川东部分高陡背斜带上也相继发现玄武岩和辉绿岩体，说明断裂活动的规模较大。张裂活动造成开江—梁平海槽于长兴中晚期形成，直到飞仙关早期，张裂活动减弱，海槽逐渐消亡，到飞仙关末期，断裂活动基本停止。该期张裂运动使开江—梁平海槽周缘具备了发育生物礁及台缘鲕粒坝优质储层的沉积条件，为礁滩气藏的形成奠定了基础。

　　(2)印支运动：指三叠纪以来到侏罗纪以前的构造运动。印支旋回对四川盆地的影响可能早在中三叠世初就已开始，表现在进入中三叠世后海盆的沉积方向与早三叠世相比发生了很大的改变。其中表现特别明显的主要有两期：一是发生在中三叠世末的早印支运动，二是发生在晚三叠世末的晚印支运动。

　　早印支运动以抬升为主，早中三叠世闭塞海结束，海水退出上扬子地台，从此大规模的海侵基本结束，代之以四川盆地为主体的大型内陆湖盆开始出现，该时期是四川盆地由海相沉积转为内陆湖相沉积的重要转折期。早印支运动还在盆地内形成了 NE 向的泸州古隆起和开江古隆起，其中泸州古隆起的核部，嘉陵江组中上部以上的地层全被剥蚀；开江古隆起也仅保留雷口坡组下部地层，上部地层被剥蚀，说明在早印支运动时，飞仙关组地层已有了地形起伏。研究区内钻井资料表明，本区普遍缺失雷口坡组上部地层，为区域性剥蚀面，而且在地面露头上雷口坡组与须家河组之间为假整合接触。这些都表明研究区受早印支运动影响较大，飞仙关组有了褶皱的雏形，并可能伴随有少量的断裂活动。

晚印支运动在四川盆地西侧甘孜—阿坝地槽区表现得异常强烈,使三叠系及其下伏古生代地层全面回返,褶皱变形,并伴有中酸性岩浆侵入,形成区域性的地层变质。但在上扬子地台,除龙门山前缘受其波及,有较强的褶皱和断裂活动,并于川西北盆地边缘见有印支期构造存在外,一般表现并不强烈。从研究区钻井资料看,须家河组未见明显缺失,在地面露头上须家河组与上覆侏罗系珍珠冲组为整合接触,故而晚印支运动在本区表现不明显。

(3)燕山运动:指侏罗纪以来到白垩纪末的构造运动。燕山运动主要有三期,但在四川盆地以晚侏罗世末的中燕山运动表现最明显,使盆地再次强烈上隆,造成侏罗系上部地层大幅度被剥蚀。该期运动在研究区内表现明显,在地面露头上,白垩系与下伏地层呈明显角度不整合接触。此次运动使川东北地区在重新复活的 NW—SE 向大巴山区域挤压应力场和 NE—SW 向川东区域挤压应力场的作用下,开始褶皱回返,造成侏罗系上部地层被剥蚀,地面多出露中侏罗统沙溪庙组。受其影响,本区长兴组—飞仙关组地层进一步褶皱变形,几乎同时产生了 NE、NW 向两组逆断层,但构造仍未变形,其圈闭类型以岩性圈闭为主。

(4)喜马拉雅运动:指晚白垩世晚期以来主要发生在古近纪的构造运动。在四川盆地主要有两期,一是早古近纪末的早喜马拉雅运动,二是晚古近纪末的晚喜马拉雅运动。早喜马拉雅运动是一次影响极其深远的构造运动,该时期是四川构造盆地和局部构造形成的主要时期。喜马拉雅运动使震旦纪至早古近纪以来的沉积盖层全面褶皱,并把不同时期、不同地域的褶皱和断裂连成一体,从此盆地格局基本定型。在研究区,受该期运动作用,断裂全面出现,圈闭被进一步改造,最终定型。目前礁滩储层中的有效构造缝多为该期构造运动形成。

总的来说,东吴运动形成了长兴组—飞仙关组沉积时的古地貌背景,后期受印支运动、燕山运动与喜马拉雅运动的改造演变成现今的构造面貌。多期次的区域构造(造山)运动也使川东北地区震旦系—中三叠统海相地层的沉积相存在复杂多样性。各个时期不同区域形成的沉积物在沉积、成岩后生过程中演化成不同的储集岩类型,纵向上发育多套生储盖组合。在研究区内主要形成了包括黄龙组白云质岩溶岩、长兴组生物礁、飞仙关组鲕滩相白云岩为储层的众多构造-岩性圈闭气藏,其中以飞仙关组鲕滩气藏、长兴组生物礁气藏和黄龙组气藏的发育最为普遍,勘探开发潜力也最大。

第二节 构造层划分及断裂特征

一、构造层划分

川东北地区的构造层可以分为晋宁、澄江、加里东—海西、印支和燕山构造层(李岩峰等,2008)。由于各构造层厚度以及岩石物理性质等方面的差异,它们在构造作用下表现出不同的形变特征。根据这些特征,以下三叠统嘉陵江组四段至中三叠统雷口坡组膏盐岩(硬石膏盐和石盐岩),下志留统的泥页岩和砂质泥岩层,中、下寒武统中的泥质岩和膏盐岩层三大滑脱层为界，将震旦系以上地层在纵向上按构造层划分为上形变层、主滑脱层Ⅲ、中形变层、主滑脱层Ⅱ、下形变层、主滑脱层Ⅰ（图2-2）。由上述三套区域滑脱层和夹于其间的大套碳酸盐岩强硬层共同构成了"三能干层和三非能干层"的地层结构，控制了川东北地区的主要构造特征。由于三个能干层与三个非能干层组相互间隔，台阶状逆断层的断坡一般并不贯穿整个沉积岩系，而是限制在两个非能干层组合之间的能干层组合中。每个能干层组合主要由强度较高的岩层，如石灰岩、白云岩、砂岩等构成，尽管可以夹有一些页岩等软弱岩石，然而后者并不决定变形的主导过程和形态，决定者是那些厚度占优势的强岩层。非能干层组合中含有大量弱岩层，如页岩、膏盐层，它可能含有一定的强岩层，但在这种情况下变形响应主要是由弱岩层决定。

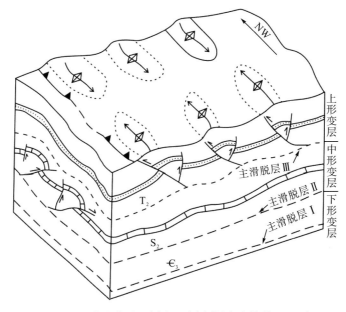

图2-2   川东北构造层划分示意图（据李岩峰等，2008）

上形变层是指中三叠统雷口坡组以上到地表的形变层，主要由陆相地层组成。主滑脱层Ⅲ由下三叠统嘉陵江组四段至中三叠统雷口坡组的石膏及膏盐岩层组成，而膏盐岩地层塑性流动性强，受挤压而产生塑性流动导致各井厚度不一。上、中形变层的断层大多消失在该滑脱层内。主滑脱层Ⅲ多发育翼厚顶薄的不协调褶皱。中形变层由嘉陵江组四段到下志留统以上地层组成。主滑脱层Ⅱ由下志留统的泥页岩和砂质泥岩组成，呈平缓展布，中形变层的断层向下基本消失在该层之中。下形变层由下志留统以下地层到中、下寒武统以上地层组成。主滑脱层Ⅰ为中、下寒武统中的泥质岩和膏盐岩层，本层基底滑脱层，基本上不发育构造，滑脱作用不明显。

以嘉陵江组膏岩为界，四川盆地东北部地层可分为上、下两大形变层（上形变层为 T_3x—K 地层，下形变层为 C—T_1f 地层），其间存在滑脱层（T_1j^4—T_2r 膏盐岩）。从坡西地区剖面来看，上形变层构造形变整体较强，大巴山前缘与盆地内部褶皱与断层均较发育，表明大巴山推覆作用对浅层构造的影响均较强；下形变层在大巴山前缘变形剧烈，向盆内构造形变及断裂减弱，表明大巴山推覆对中深层构造的影响从山前—盆地方向逐渐变小。总体而言，认为大巴山推覆体对坡西地区浅层构造的影响作用均较强，对中深层构造的影响作用从山前—盆地方向逐渐减弱(图 2-3)。

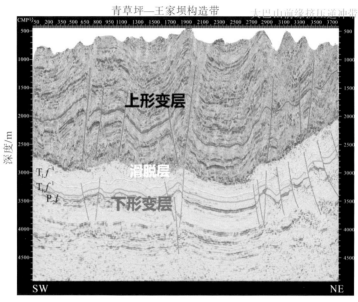

图 2-3　坡西地区大巴山前缘至青草坪地区时间偏移剖面

二、断裂特征

川东北地区由于受到多期次构造作用的影响，构造走向变化较大，深部层位构造样式简单，构造走向以及断层延伸方向以 NE 向构造为主；而较浅层位构造样式复杂，但构造走向单一，总体上以 NW 向为主。在表层构造走向单一，总体上以 NW 向为主。NE 向的构造痕迹在地腹构造中表现明显，受到 NW 向构造的叠加和干扰作用较小，而在浅层，受 NW 向构造的影响，发育 SW 以及 NE 向突出的鼻状构造，随着深度的加深，NW 向构造的作用力减弱(乐光禹，1998)。

川东北地区经历了加里东期、海西期、印支期、燕山期和喜马拉雅期等复杂的构造运动，尤其是燕山晚期和喜马拉雅期的强烈挤压作用，使得川东北地区发育了大量断裂构造，以 NE 向和 NW 向为主要展布方向，这些不同期次、不同走向的断层相互叠加和切割，燕山晚期形成大量 NE 向构造，喜马拉雅期被 NW 向构造改造(图 2-4)。

深构造层发育了 NE 向主断裂，同时也有一些 NW 向的小断裂。中下构造层的主断裂继承性较好，但其平面展布比较杂乱，其成因可能与早期(印支期)构造和晚期(喜马拉雅期)构造叠加有关。中构造层在燕山期至喜马拉雅期强大的区域挤压应力下，并且由于上覆层的压力和滑脱层的作用，应力释放困难，产生了大量的断层，断层主要为 NE 向，在局部地区出现 NW 向断层。NW 向断层被 NE 向断层限制。上构造层断裂主要为大巴山前缘向盆地内部构造挤压而产生，发育了众多 NW 向展布的逆断层，断层的规模较小。

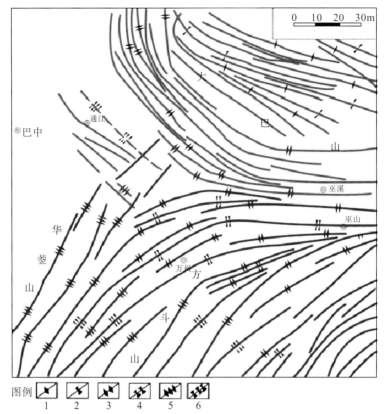

图例 1 2 3 4 5 6

川东弧形构造带：1.东带背斜轴；2.东带向斜轴；3.中带背斜轴；4.中带向斜轴；
5.西带背斜轴；6.西带向斜轴

图2-4　川东北构造分带及叠加关系略图(据乐光禹，1998)

第三节　构造样式分析

　　从川东北地区飞四段底构造圈闭走向分布来看，坡西地区（Ⅰ区）圈闭以NW向为主，铁山坡—温泉井地区（Ⅱ区）圈闭NE、NW向均有，温泉井南—马槽坝地区（Ⅲ区）圈闭以NEE和近EW向为主(图2-5)。川东北部地区大巴山前缘构造变形样式差异性主要是北大巴山褶皱带NE向挤压应力、川东断褶带NW向挤压应力以及川中地块SE向反作用力联合作用的结果。由此可见，四川盆地东北部主要受到北大巴山推覆作用的影响(刘树根和罗志立，2001)。

　　根据中国石油天然气股份有限公司西南油气田分公司川东北气矿研究成果，对四川盆地东北部飞仙关组鲕滩气藏影响最大的构造运动主要为印支运动早幕、燕山运动中幕及喜马拉雅运动早幕。基于此，对不同时期构造应力方向及演化进行了分析，如图2-6所示，图中箭头大小指示应力的强弱。不同构造时期应力方向及圈闭发育特征如下。

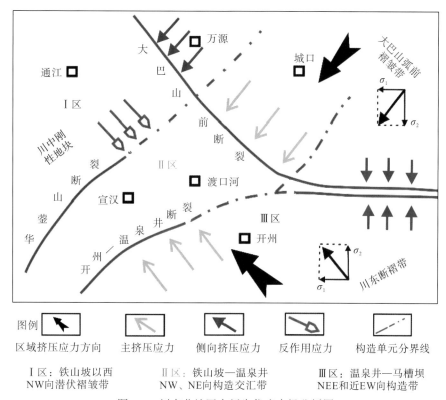

图例
区域挤压应力方向　　主挤压应力　　侧向挤压应力　　反作用应力　　构造单元分界线

Ⅰ区：铁山坡以西
NW向潜伏褶皱带

Ⅱ区：铁山坡—温泉井
NW、NE向构造交汇带

Ⅲ区：温泉井—马槽坝
NEE和近EW向构造带

图 2-5　川东北地区中新生代应力场分析图

(1)海西末期—印支初期：川东北地区主要受川东断褶带挤压应力(具海西期拉张背景)，此时大巴山尚未开始活动，构造走向为 NE 向。

(2)印支早期：川东北地区主要受川东断褶带挤压应力，此时北大巴山也开始活动，但 NE 向的推覆作用较弱，构造圈闭走向仍以 NE 向为主，靠近山前局部发育 NW 向构造圈闭。

(3)印支晚期—燕山早中期：受川东断褶带和北大巴山褶皱带联合作用，此时北大巴山的推覆作用向盆地内递进式推覆，同时产生 NE 向构造圈闭和 NW 向构造圈闭。

(4)燕山晚期—喜马拉雅期：主要受北大巴山褶皱带挤压推覆作用，产生一系列 NW 向构造圈闭，但此时川东断褶带在局部地区仍有活动，甚至形成个别通天断层(指由地下深部延伸到浅表层的断层)。

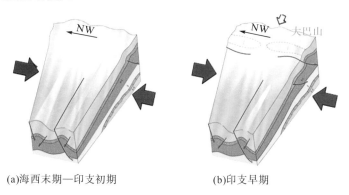

(a)海西末期—印支初期　　　　　(b)印支早期

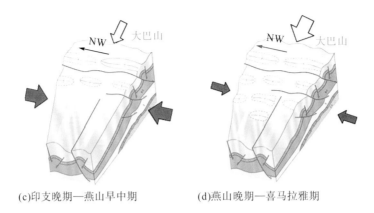

(c)印支晚期—燕山早中期　　　　　　　　　(d)燕山晚期—喜马拉雅期

图 2-6　四川盆地东北部不同时期构造应力方向及演化模式图

第三章 飞仙关组高含硫气藏地层层序与沉积特征

第一节 地 层 特 征

　　早三叠世飞仙关期，川东北地区属于上扬子地台的一部分。由于康滇古陆及龙门山岛弧的影响，四川海域在飞仙关期自西向东存在明显的岩相变化，沉积体系由以陆源碎屑为主逐渐变为以碳酸盐岩为主，分为飞仙关组、夜郎组和大冶组(图 3-1、图 3-2)。

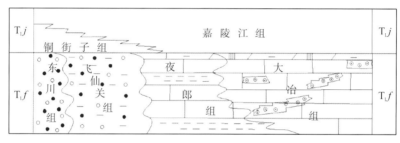

图 3-1　四川盆地及邻区下三叠统区域地层对比图

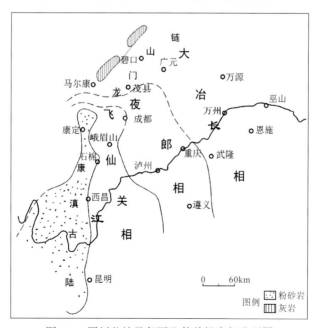

图 3-2　四川盆地及邻区飞仙关组岩相分区图

扬子区西缘的碎屑岩系与东面的飞仙关组相比，在岩性、岩相等方面均存在实质性的区别。东川组以紫、紫红色细-中粒砂岩、粉砂岩为主，夹粉砂质泥岩，分布在四川盆地西部边缘，包括凉山州地区及峨眉山、马边、雷波一带，呈 SN 向条带状分布，由西向东，东川组中砂岩含量逐渐减少，粒度逐渐降低，厚度为 128～265m。

东川组向东过渡为飞仙关组，分布于天全、乐山、屏山一线以东，旺苍、三台、威远、泸州到贵州毕节一线以西，向东过渡为夜郎组。飞仙关组以紫红色页岩、砂质页岩为主，夹灰色薄层灰岩、鲕粒灰岩、泥灰岩、砂岩及粉砂岩，富含双壳类等化石，以紫红色碎屑岩占 80%以上为显著标志。

夜郎组属于飞仙关组和大冶组之间的过渡岩相，其主要特征是：紫红、黄绿色页岩、砂质页岩段与灰色灰岩段互层为主，夹鲕粒灰岩。该组分布范围大体在旺苍、三台、威远、泸州一线以东，通常可明显地分出飞一段、飞二段、飞三段、飞四段的地区属于夜郎相区。

大冶组由"大冶石灰岩"演变而来。在四川省内以灰色薄层状石灰岩为主，夹中厚层状含泥灰岩或白云质灰岩及鲕粒灰岩。其底部夹少量黄灰色钙质页岩，含海相双壳类及菊石等化石。本组岩性较稳定，在川东地区厚达 400～1200m，从西往东厚度逐渐增大。

早三叠世的海盆面貌基本继承了晚二叠世的特点，不同的是西侧龙门山链状岛弧有所扩展，康滇古陆上升幅度大，剥蚀作用明显，成为陆源碎屑物的主要供给区。而东侧江南古陆活动相对比较稳定，海盆东深西浅。飞仙关组沿康滇古陆东缘峨边、雷波一带属于陆相平原河流沉积，为紫红、暗紫色中至细粒岩夹细砾岩，具交错层理及波痕，未见生物化石。江油、宜宾一带属于海陆过渡相，为紫红、灰色泥页岩、粉砂岩夹鲕粒灰岩，具交错层、冲刷面、虫迹、波痕等，含瓣鳃、腹足、有孔虫、蓝绿藻及介形虫等生物化石。绵阳、内江一带属于局限海台地相，为暗紫、深灰色局部灰绿色泥页岩夹砂质泥岩、鲕粒灰岩，含瓣鳃、腹足、有孔虫、蓝绿藻等生物化石。至重庆万州后进入开阔海台地相，为灰紫、紫红、灰色页岩及石灰岩。此外，在华蓥山至方斗山之间出现比较发育的浅滩鲕粒灰岩，含菊石、瓣鳃、棘皮、腹足等生物。继续向东至恩施等地，过渡到广海陆棚沉积，为黄灰、浅灰色薄板状泥纹灰岩、含泥质条带灰岩，底部有页岩，含菊石、棘皮、瓣鳃、腕足等生物化石。

飞仙关组在重庆以西(夜郎相区)和川西北部分地区(龙门山岛链附近和开江—梁平海槽区)的岩性或电性四分性明显，自下而上可进一步分为飞一段(T_1f^1)、飞二段(T_1f^2)、飞三段(T_1f^3)和飞四段(T_1f^4)四个岩性段。其中 T_1f^2、T_1f^4 段以泥质沉积为主，自然伽马值高；T_1f^1、T_1f^3 段以碳酸盐岩沉积为主，自然伽马值低。飞一段、飞三段、飞四段在重庆以东、以北的大部分地区岩性较为稳定，可在区域上对比。飞二段向北、向东泥质含量逐渐降低，龙岗及其以北的碳酸盐台地相区在飞二段均不含或少含泥质，加之缺乏相应的古生物标志，飞一段—飞三段划分难度大。在研究区范围内，除飞四段外，一般对飞仙关组不再进行细分，统称为飞三—飞一段。

盆地内飞仙关组沉积的最厚区位于开江—梁平海槽的两端，在海槽西北端的广元、旺苍一带和东南端宣汉天生镇地区，飞仙关组的厚度均在 800m 以上。海槽内飞仙关组沉积厚度均逾 700m。海槽向外侧厚度快速递减，至川东和川中大部分地区厚度降至 400～450m，川南大部分地区厚约 500m。川西地区德阳向西至雅安地区厚度依次递减，德阳—

资阳一线厚约 350m，成都—仁寿—乐山—沐川—绥江一线厚约 300m，都江堰—崇州一线厚约 250m，邛崃—洪雅一线厚约 200m，雅安地区厚度已经小于 200m。

（一）飞仙关组顶界特征

在川东北地区，飞仙关组与其上覆嘉陵江组为整合接触。二者之间属于 1 个二级层序的 II 型层序界面(SB2)。根据层序地层学观点，II 型层序界面多为整合面，局部也可表现为不整合，是全球海平面下降速度小于沉积滨线坡折带下降速度所致。

飞仙关组顶部为一套紫红色、灰紫色薄层页岩夹泥灰岩、泥质白云岩，并夹有石膏，厚 25～50m，在研究区内分布稳定。嘉陵江组底部一般为青灰色、浅灰色薄层泥质灰岩及厚层灰岩。二者在野外及研究区井下均较易区分(图 3-3)。但在盆地周缘的西北及北部地区，嘉陵江组下部灰岩由云阳经大巴山南麓，沿南江、旺苍至广元一线，逐渐发生相变，变成紫红色页岩夹灰岩，称为"铜街子段"，该段与飞仙关组顶部紫红色地层有时不易区分。

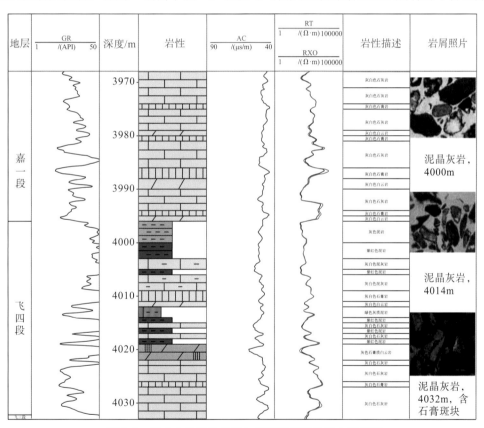

图 3-3　天成 1 井飞仙关组与嘉陵江组岩性及电性特征

GR：自然伽马；AC：声波时差；RT：电阻率；RXO：侵入带电阻率

在电测曲线上，飞仙关组顶部具有自然伽马值比嘉陵江组高、电阻率较嘉陵江组低的显著特征。由于飞四段在研究区内分布稳定，这种大块高自然伽马值、低电阻率的特征在各井之间极易识别和对比，据此容易确定飞仙关组的顶界。

从古生物组合看，飞仙关组以瓣鳃类 *Claraia* 为主，且种类繁多，富含瓣鳃类 *Eumorphotis multiformis* 组合及菊石类 *Flemingites*、*Koninckites*、*Ophiceras* 组合。进入嘉陵江组后这些属种类立即减少，主要为菊石类 *Tirolites-Prolecanites*、*Owenites-Meekoceras* 组合。二者之间的古生物界限较为明显。

(二)飞仙关组底界特征

(1)台地-台缘相带飞仙关组与长兴组界线：飞仙关组下伏地层为上二叠统长兴组（P₂ch），二者之间的界面属于层序地层学中的最大海泛面(maximum flooding surface，MFS)，没有明显的沉积间断，但在岩性、测井响应特征、生物化石等方面均具有明显差异(图3-4)。

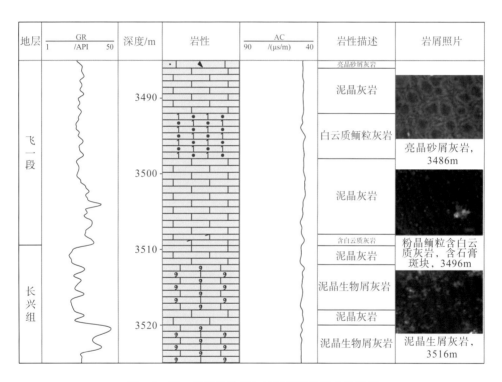

图3-4   紫1井飞仙关组与长兴组岩性及电性特征

从岩性上看，在台内至台缘相区的非礁剖面上，一般飞仙关组底部为薄层状泥岩或泥灰岩，颜色较浅。在野外风化后常呈浅灰、灰白色，贫硅，不含硅质结核。长兴组顶部为深灰色含燧石结核生物泥晶灰岩或深灰色灰岩，一般富含二叠纪生物化石，常见硅质结核，在野外较易区分。对于生物礁剖面，不同的是长兴组顶部主要为潮坪泥晶白云岩、含颗粒白云(灰)岩等。

从测井曲线上看，台地相非礁剖面飞仙关组底部有一层较厚的泥岩，具有明显的高自然伽马值、低电阻率特征；而长兴组顶部灰岩具有自然伽马值低、电阻率较高的特征。

另外，在自然伽马能谱测井剖面中，长兴组往往比飞仙关组含铀量高，据此比较容易确定其底界，但有时因飞仙关组底部或长兴组顶部岩性发生变化，二者的分界在常规电测曲线上变得不明显。一种情况是飞仙关组底部因泥灰岩相变为泥晶灰岩，其电阻率增高、自然伽马值降低，使之与长兴组分界在电测曲线上不易划分。另一种情况见于长兴组上部发育生物礁的钻井剖面(如黄龙 8 井)，此时长兴组顶部为礁盖的潮坪泥晶白云岩，含少量生屑、砂屑，其电阻率降低、自然伽马值增高，使得飞仙关组底界线在测井曲线上也变得不明显。

从生物化石来看，台地区长兴组上部富含有孔虫 *Colaniella* 组合，蜓类、腕足、介形虫等生物碎屑极为发育。

(2)斜坡-海槽相带飞仙关组与大隆组界线：在斜坡-海槽相区中，与台地相长兴组沉积的同期异相地层即为大隆组，以暗色薄层状硅质页岩、硅质灰岩、钙质泥页岩为主，缺乏生屑等浅水沉积物，而上覆飞一段以球粒泥晶灰岩为主，二者呈突变接触，较易区分(图 3-5)。

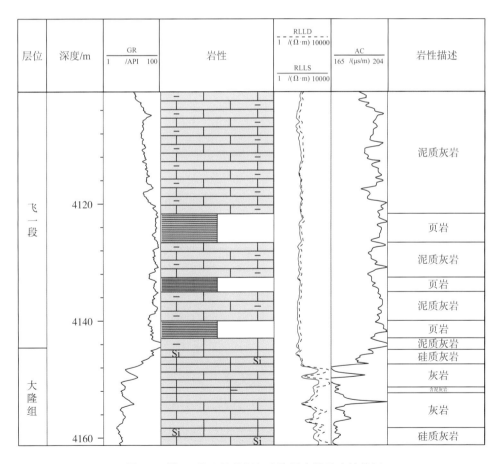

图 3-5　罐 10 井飞仙关组与大隆组岩性及电性特征

RLLD：深侧向电阻率；RLLS：浅侧向电阻率

从测井曲线上看,飞仙关组底部具有明显的自然伽马值低、电阻率较高的特征,而大隆组顶部钙质泥岩具有高自然伽马值、低电阻率的特征。

海槽区内所含生物化石稀少,主要是骨针、钙球、放射虫、微体有孔虫等水体较深的生物组合,缺乏晚二叠世常见的原地的钙藻、蟆、有孔虫、腕足、棘皮等台地浅水生物,层面上有时有薄壳菊石类化石;而飞仙关组下部则生物极不发育,少见瓣鳃类 *Claraia wangi* 组合,而以菊石类 *Ophiceras* 组合为主。

(三)飞仙关组地层划分与对比

本书结合长兴组地层特征,通过对野外剖面的实际观察测量、多口钻井取心段沉积相与层序地层学综合分析及测井-地震的相应特征进行关键界面识别,将长兴组划为两个Ⅱ型三级层序(SQ1 和 SQ2),5 个四级层序(由下向上依次命名为 sq1、sq2、sq3、sq4 和 sq5)。将飞仙关组划为Ⅰ型和Ⅱ型三级层序,由下向上依次命名为 SQ3、SQ4,均发育两个体系域,即海侵体系域(transgressive system tract,TST)和高水位体系域(high system tract,HST)。SQ3 大致对应于飞一段和飞二段,SQ4 大致对应于飞三段和飞四段(图 3-6,表 3-1)。

在三级层序划分的基础上,综合考虑前人划分方案及区域对比的可操作性(陈洪德等,2009),对典型井进行了精细层序地层划分,建立标准对比剖面。进一步将飞仙关组细分为 5 个四级层序,由下向上依次命名为 sq6、sq7、sq8、sq9、sq10。每个四级层序进一步划分为 TST 和 HST 两个体系域,一般 HST 沉积厚度大于 TST 沉积厚度。

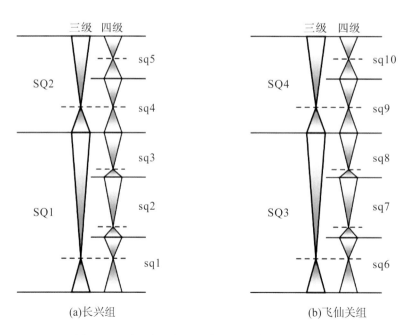

图 3-6　研究区长兴组—飞仙关组层序地层划分格架

表 3-1　川东北地区长兴组—飞仙关组层序地层划分方案

地层系统		三级层序划分		四级层序划分	
组	段	层序编号	层序类型	层序编号	层序类型
飞仙关组	飞四段	SQ4	II	sq10	II
	飞三段			sq9	II
	飞二段	SQ3	I	sq8	II
				sq7	II
	飞一段			sq6	I
长兴组	长三段	SQ2	II	sq5	II
				sq4	II
	长二段	SQ1	II	sq3	II
				sq2	II
	长一段			sq1	II

本书选择部分重点单井和野外剖面进行层序地层的划分。

1. 坡 1 井

坡 1 井位于四川盆地川东高陡褶皱区黄金口构造带北段铁山坡构造。黄金口构造带位于盆地北部边缘、川东高陡构造区与川中平缓构造区北端分界线附近，为预探井，主要目的是探明铁山坡构造三叠系飞仙关组鲕滩储层分布及含气情况。

该井飞仙关组底界与长兴组接触，界面下为一套浅灰褐色石灰岩，界面之上为较低能、开阔台地相的泥灰岩及灰色灰岩，测井曲线上表现为自然伽马值变高、电阻率变低，为局部暴露不整合层序界面；顶部与嘉陵江组整合接触，岩性由飞四段顶部的白云岩与嘉陵江组底部的灰岩相接触；飞三段顶部为泥质白云岩与石灰岩分界，为岩性-岩相转换界面，也为三级层序 SQ3 和 SQ4 界面。

根据岩相变化和层序界面特征，将坡 1 井飞仙关组自下而上依次划分为 2 个三级层序（SQ3 和 SQ4）和 5 个四级层序（sq6～sq10）。其中 sq6 依次发育开阔台地相—台地边缘相—局限台地相，台缘滩和台内滩发育，岩性以鲕粒灰岩为主；sq7 和 sq8 均发育台地边缘相，是台缘鲕滩的主要发育时期；sq9～sq10 沉积相由开阔台地相向局限台地相过渡，台内滩不发育。飞仙关组总体上沉积水体逐渐变浅，至飞仙关末期区域内整体潮坪化，以膏岩、白云岩为主（图 3-7）。

2. 七北 101 井

七北 101 井地处四川省宣汉县黄石乡，构造位置为七里峡背斜北端七里北岩性-构造复合圈闭轴部东翼较高部位，地震测线位于 95QLX-23 测线 1562CDP 点附近。该井是一口以飞三段—飞一段为目的层的预探井，其钻探目的是了解该复合圈闭向南较高部位的鲕滩储层发育分布及含流体分布情况，设计井深为 4900m，钻探目的层为飞仙关组，主要为了解该岩性-构造复合圈闭的储层含气性，取得储层参数，使原有预测储量升级。更改设计后钻探目的层为长兴组，实钻中长兴组钻遇溶孔白云岩，并见气测异常显示。

该井飞仙关组底界与长兴组接触，界面下为一套浅灰褐色石灰岩，界面之上为较低能、开阔台地相的灰色泥晶泥灰岩及深灰色灰岩，测井曲线上表现为自然伽马值变高，电阻率变低，为局部暴露不整合层序界面；顶部与嘉陵江组局部暴露不整合接触，岩性由飞四段顶部的紫红色泥岩与嘉陵江组底部的灰岩相接触；飞三段顶部为泥质白云岩与灰色灰岩分界，为岩性-岩相转换界面，也为三级层序 SQ3 和 SQ4 界面。

根据岩相变化和层序界面特征，将七北 101 井飞仙关组自下而上依次划分为 2 个三级层序(SQ3 和 SQ4)和 5 个四级层序(sq6～sq10)。其中 sq6～sq9 均发育开阔台地相，台内滩发育，规模较小，岩性以鲕粒灰岩为主；sq10 沉积相由开阔台地相向局限台地相过渡，岩性以膏岩、白云岩为主。飞仙关组总体上沉积水体逐渐变浅，至飞仙关末期区域内整体潮坪化，该规律与坡 1 井一致(图 3-8)。

3. 云阳沙市剖面

该剖面位于重庆市云阳县沙市镇，为典型的镶边型碳酸盐台地的台缘滩剖面，平面上处于研究区外缘的东北方向。根据岩石组合、古生物组合、测井曲线等沉积相标志以及层序界面特征，对比运用前人的研究成果，认为该剖面飞仙关组属于碳酸盐台地沉积体系，发育 2 个三级层序 SQ3 和 SQ4 及 5 个四级层序(sq6～sq10)，进一步划分出局限台地、开阔台地、台地边缘、台地前缘斜坡等相类型及众多亚相和微相。飞仙关组地层出露均较完整，地层间的接触关系易于观察。顶部以中厚层泥晶灰岩、紫红色泥质灰岩与上覆嘉陵江组灰岩接触，为岩性-岩相转换界面，底部以薄层灰质泥岩与下伏长兴组灰岩相接触(图 3-9)。

飞仙关组厚 442.0m，细分为 32 个小层(编号为 1～32)。10～18 层主要为台地边缘沉积。其中三级层序 SQ3 由 1～25 层组成，TST 主要为台地前缘陡斜坡沉积，岩性特征表现为深灰色薄层砾屑灰岩夹灰绿色灰质泥岩，HST 可细分为 3 个四级层序(sq6～sq8)，沉积相为开阔台地相—局限台地相—开阔台地相—台地边缘相—开阔台地相—局限台地相的旋回，反映了沉积水体逐渐变浅，其中，台地边缘发育规模的台缘滩，分为鲕滩、暴露滩微相，岩性主要由厚层块状鲕粒灰岩、泥晶灰岩及粉晶白云岩等组成；三级层序 SQ4 由 26～32 层组成，TST 为局限台地沉积，分为潮坪亚相和潟湖亚相，岩性表现为灰色、褐灰色泥质灰岩、含灰泥岩、颗粒灰岩；HST 为四级层序 sq10 时期，包含开阔台地相—局限台地相，反映水体变浅序列，岩性由灰色、深灰色泥质灰岩—灰褐色泥晶灰岩等组成。

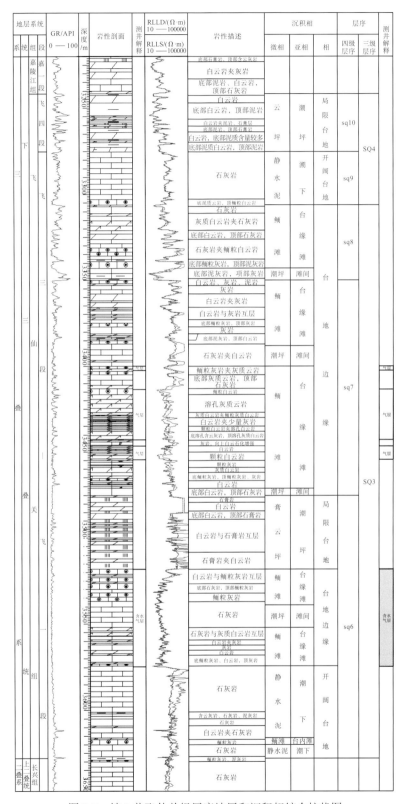

图 3-7　坡 1 井飞仙关组层序地层和沉积相综合柱状图

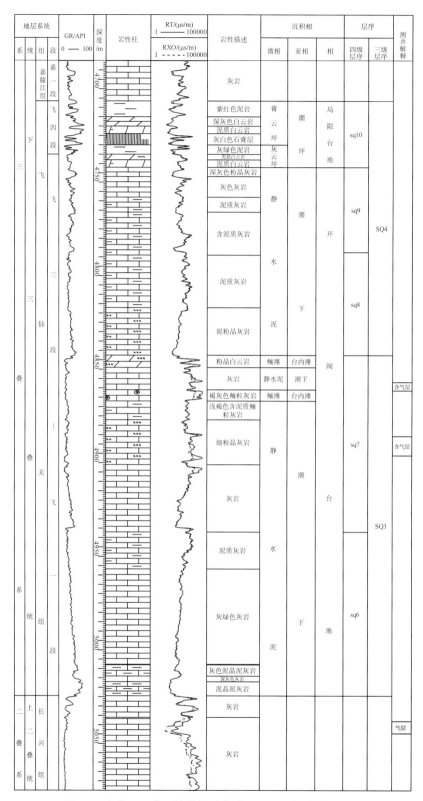

图 3-8　七北 101 井飞仙关组层序地层和沉积相综合柱状图

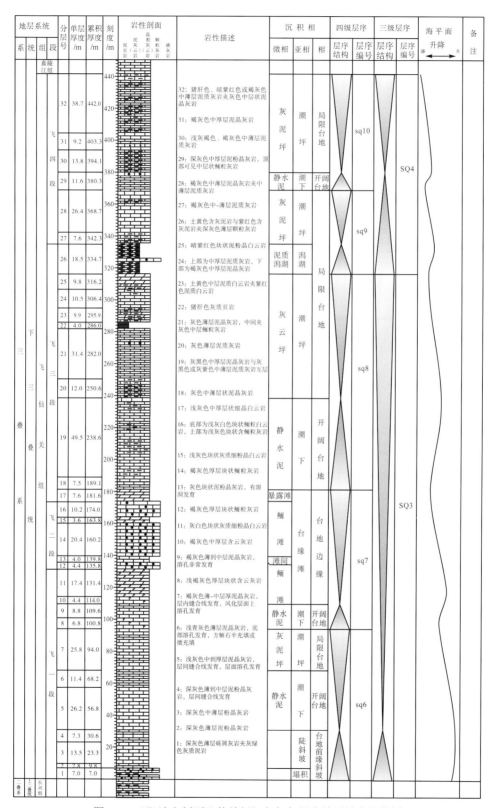

图 3-9 云阳沙市剖面飞仙关组沉积相与层序地层综合柱状图

第二节　层序划分

以单井沉积相和层序地层分析为基础,选择研究区内资料相对齐全,并能控制整个研究区纵、横向特征的单井编制连井层序地层对比剖面图,对各井的层序旋回从岩性、电性等特征进行对比,剖析内部层序的纵横向展布特征。

（一）五龙 1 井—坡 5 井—大湾 1 井—普光 304-1 井—老君 1 井—七里北 2 井—七北 101 井—渡 4 井

通过区内 SN 向五龙 1 井—坡 5 井—大湾 1 井—普光 304-1 井—老君 1 井—七里北 2 井—七北 101 井—渡 4 井飞仙关组连井层序地层对比分析,横向上地层厚度相对较为稳定,集中分布在 300~400m 范围内,不同级次层序界面具有可对比性,其中坡 5 井和大湾 1 井地层厚度略大,与其台缘鲕滩沉积厚度大具有一定关系;纵向上三级层序 SQ3 厚度远大于 SQ4;四级层序 sq6、sq7 和 sq8 沉积厚度大于 sq9 和 sq10,厚度依次变薄。其中 sq7、sq8 层序内鲕粒灰岩、针孔状白云岩较为发育(图 3-10)。

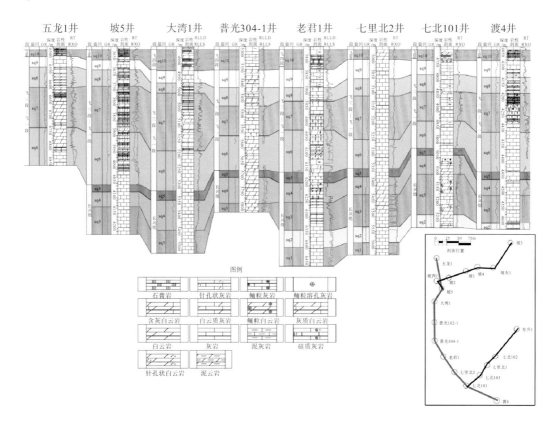

图 3-10　五龙 1 井—坡 5 井—大湾 1 井—普光 304-1 井—老君 1 井—七里北 2 井—七北 101 井—渡 4 井
飞仙关组—长兴组连井地层对比图

通过区内坡 5 井—大湾 1 井—普光 304-1 井—老君 1 井—七里北 2 井—七北 101 井—渡 4 井长兴组连井层序地层对比分析，横向上地层厚度相对较为稳定，集中分布在 250～350m 范围内，不同级次层序界面具有可对比性，其中七里北 2 井、七北 101 井地层厚度略大；纵向上三级层序 SQ1 厚度远大于 SQ2；四级层序 sq1、sq2 和 sq3 沉积厚度大于 sq4 和 sq5，厚度依次变薄。其中七里北 2 井—七北 101 井区域 sq3 层序内发育鲕粒灰岩、礁灰岩等，sq4、sq5 层序内则白云岩较为发育，不同的岩性决定了区域上不同沉积相的发育。

（二）七北 101 井—七北 103 井—七里北 1 井—七北 102 井—东升 1 井

研究区另外一条 NE—SW 走向的连井大剖面七北 101 井—七北 103 井—七里北 1 井—七北 102 井—东升 1 井（图 3-11）显示，横向上地层厚度变化较大，总体上西南厚、北东薄，

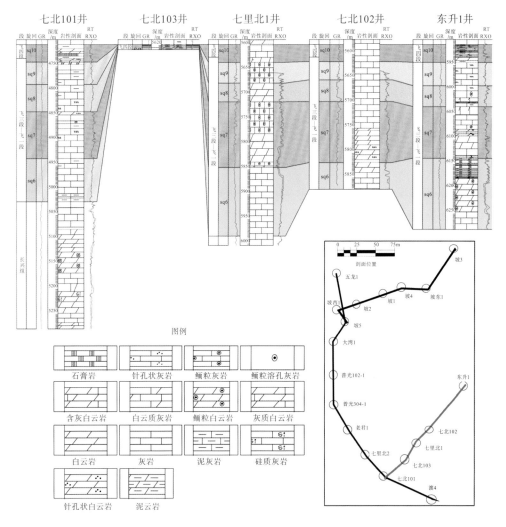

图 3-11　七北 101 井—七北 103 井—七里北 1 井—七北 102 井—东升 1 井飞仙关组连井地层对比图

不同级次层序界面具有可对比性，该剖面中七里北 1 井总体厚度较厚，达 416.5m，七北 103 井地层厚度最薄，与该钻井只与飞四段有关。纵向上三级层序 SQ3 厚度远大于 SQ4；四级层序 sq6、sq7 和 sq8 沉积厚度大于 sq9 和 sq10。其中七里北 1 井、东升 1 井在三级层序 SQ2 高水位体系域顶部发育厚度较大的滩体；四级层序 sq7、sq8 和 sq9 鲕粒灰岩、白云岩较为发育，发育三期台缘滩。其中，sq7 高水位体系域时期发育两期颗粒滩，且滩体厚度大，sq9 高水位体系域时期滩体厚度薄。

（三）坡 5 井—坡西 1 井—坡 2 井—坡 1 井—坡 4 井—坡东 1 井—坡 3 井

通过区内坡 5 井—坡西 1 井—坡 2 井—坡 1 井—坡 4 井—坡东 1 井—坡 3 井飞仙关组连井层序地层对比分析，横向上地层厚度相对较为稳定，分布在 350～450m 范围内，不同级次层序界面具有可对比性，其中坡 5 井、坡东 1 井地层厚度略大，坡东 1 井最厚，可达 453m，与其台缘鲕滩沉积厚度大具有一定关系；纵向上三级层序 SQ3 厚度远大于 SQ4；四级层序 sq6、sq7 和 sq8 沉积厚度大于 sq9 和 sq10 层序，厚度依次变薄。其中 sq7、sq8 层序内鲕粒灰岩、针孔状白云岩较为发育（图 3-12）。

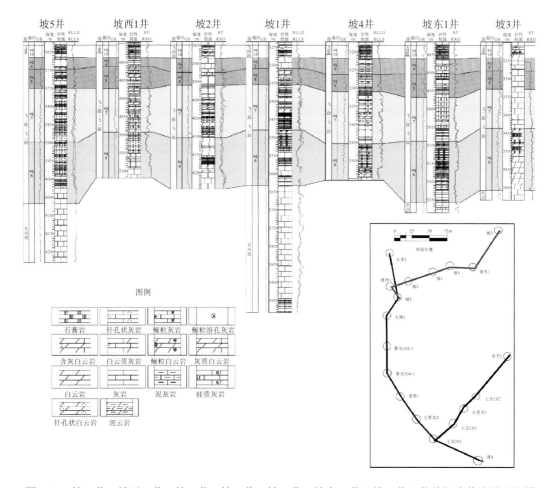

图 3-12　坡 5 井—坡西 1 井—坡 2 井—坡 1 井—坡 4 井—坡东 1 井—坡 3 井飞仙关组连井地层对比图

第三节　沉　积　特　征

一、飞仙关组沉积相及微相的划分

（一）飞仙关期沉积格局

川东北部地区飞仙关期的沉积环境是在继承晚二叠世长兴期的基础上发展起来的。形成于长兴期，消亡于飞仙关期的开江—梁平海槽，影响着川东北部地区飞仙关组沉积相。

川东北地区自古生代以来属于扬子板块的一部分，位于扬子板块的北部。而四川盆地东北部地区则位于扬子板块的北部边缘。该区的沉积、构造演化与扬子板块北缘及南秦岭洋的活动密切相关。晚二叠世—早三叠世时期南秦岭洋的扩张收缩直接影响了四川盆地东北部地区的沉积格局。

四川盆地大部分地区飞仙关组与其下伏的长兴组均无明显的沉积间断，尽管台地上长兴组生物礁的顶部有短暂暴露，但从沉积特征看，川东北地区飞仙关期沉积环境是在晚二叠世长兴期沉积格局的基础上发展起来的。飞仙关早期由于康滇古陆及龙门山岛弧的崛起，构成了四川海域西侧的物源区。四川盆地沉积相带受基底构造控制，自西向东沉积相分区有一定规律，在古陆前缘为冲积扇-河流相，向东依次为海陆交互相、半局限海相、碳酸盐台地相及开江—梁平海槽和鄂西—城口海槽（盆地相）等几个大的沉积单元。结合区域构造背景看，大的沉积相带展布明显受基底断裂控制，川东北地区主要为碳酸盐台地相及海槽相，远离物源区，由于川中半局限海的阻隔，大部分地区未明显受到西侧物源的影响，沉积演化以台地不断增生、海槽逐渐退缩消亡为主要特征。

（二）沉积相标志

1. 局限-蒸发台地相

局限-蒸发台地相位于局限台地向陆一侧的潮上沉积区，该相带长期暴露地表，蒸发作用强烈，含盐度高，沉积物主要为结核状的石膏、白云质膏岩、膏质白云岩、红色泥质岩及泥粉晶白云岩，具微斜层理，暴露性沉积标志明显，如泥裂、角砾化、石膏假晶、石盐假晶等，干裂、鸟眼、帐篷构造、潮汐层理、暴露溶蚀等构造常见，局部可见喀斯特现象。见于正坝南以北金珠坪—滚子坪—菩萨殿一带的飞一段、飞二段以及川东北地区飞四段普遍分布的膏云坪沉积（图 3-13～图 3-15）。

2. 开阔台地相

开阔台地相是研究区飞仙关组的主要沉积相类型，它是晴天浪底之上浅水环境中的碳酸盐沉积，与广海连通性较好，水体循环畅通，盐度正常。台内滩亚相是台地内潮下高能环境沉积，主要受潮汐作用影响。鲕滩体呈席状展布，纵向上不稳定、厚度不大，常与潟湖或潮坪环境沉积的泥状灰岩呈互层状。台内鲕滩多由中-薄层状、透镜状亮晶砂屑灰岩、鲕粒灰岩构成。台内鲕滩随台地的发展而逐渐迁移，具有明显的穿时性。台内凹地是台地内部浅水低能沉积地带。主要堆积的是细粒沉积物，以灰、深灰色泥晶灰岩为主。

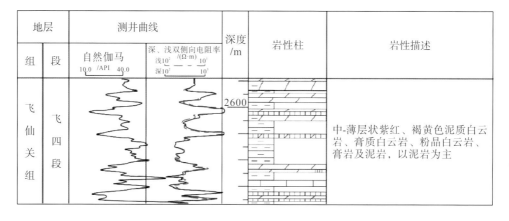

图 3-13　金珠 1 井飞仙关组局限台地潮坪沉积特征

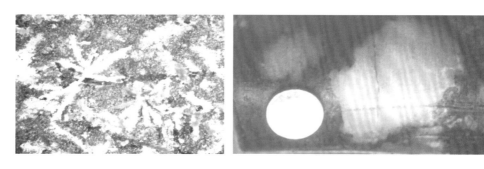

图 3-14　金珠 1 井，泥晶膏云岩，飞二段，2.5×10（−）（左图）；紫 1 井，石膏结核（右图）

图 3-15　云阳沙市，飞四段灰黄色-紫红色泥页岩、泥质灰岩（左图）；满月剖面，薄层泥晶白云岩，局限台地相（右图）

3. 台地边缘相

台地边缘相位于台地与斜坡之间的转换带，也是浅水沉积和深水沉积之间的变换带，水动力能量较高，是波浪和潮汐作用改造强烈的高能沉积环境，岩性以颗粒灰岩、生屑灰岩为主，台地边缘相发育有台缘滩亚相和滩间亚相，以台缘滩亚相为主。

台缘滩亚相是台地迎风边缘的高能环境沉积，除潮汐作用外，还受较强风浪作用影响，形成鲕粒、砂屑及豆粒混合沉积体。常由核形石灰岩向上变为亮晶鲕粒灰岩，靠近顶部，鲕粒发育程度变好，形成向上变浅的沉积序列，构成厚层-块状的沉积体，单层厚度大。常见各种大型、中型层理构造。鲕粒具有粒度大，圈层发育的特点（图 3-16～图 3-19）。由于受风浪作用控制，台缘鲕滩常在台地边缘呈条带状分布，并随台地的发展而逐渐迁移，具有明显的穿时性。

台缘滩亚相在环开江—梁平海槽区可分为海槽东侧鲕滩（坝）分布区与海槽西侧鲕滩（坝）分布区，其中，海槽东侧鲕滩（坝）的单层厚度大，含泥质少，主要是亮晶胶结，后期白云石化及溶蚀作用强；而海槽西侧鲕滩（坝）的层数多，但单层厚度小，含泥质多，主要是泥晶胶结，后期白云石化及溶蚀作用弱。

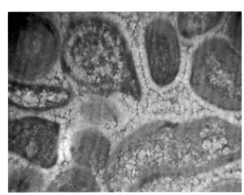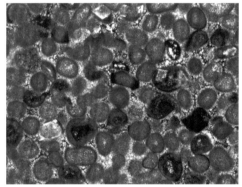

图 3-16　天成 1 井，亮晶鲕粒灰岩，T_1f^{1-3}（左图）；赵家 1 井，亮晶鲕粒灰岩，T_1f^{1-3}（右图）

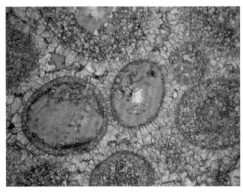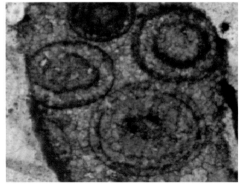

图 3-17　罗家 9 井，鲕粒白云岩，T_1f^{1-3}（左图）；奉 1 井，鲕粒灰岩，T_1f^{1-3}（右图）

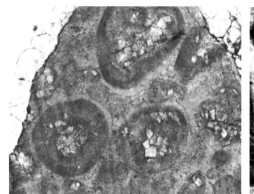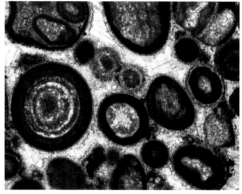

图 3-18 云安 6 井，亮晶鲕粒含云灰岩 T_1f^{1-3}（左图）；茨竹 1 井，亮晶鲕粒含云灰岩，T_1f^{1-3}（右图）

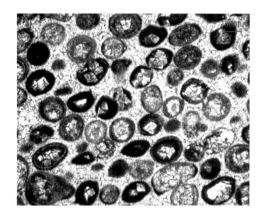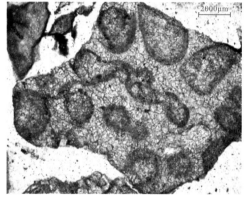

图 3-19 坝南 1 井，亮晶鲕粒灰岩，鲕粒内部被白云石交代，3987.8m（左图）；马槽 1 井，亮晶鲕粒灰岩，鲕粒内部被白云石交代，2627.0m（右图）

4. 台地前缘斜坡相

台地前缘斜坡相主要发育在台地两侧的凹陷或海槽边缘，沉积于晴天浪底至风暴浪底之间，水动力条件总体较弱，间歇性的风暴作用可在短时间内形成较高能沉积环境。岩性以（褐、深）灰色薄层泥晶灰岩、泥质灰岩为主，夹钙质泥岩、页岩以及来自台地边缘的滑塌沉积物，可见重力流沉积、水平层理、楔状层理、粒序层理、条带状构造、滑动变形、水平潜穴与水平虫迹发育。由于边界性质不同斜坡宽窄不一，飞仙关期发育的斜坡相随台地的增生逐渐向北西迁移，沉积厚度变化较大。

（三）飞仙关组沉积相及微相的划分

以野外剖面及岩心观察描述、薄片和古生物鉴定为依据，结合地震、测井相特征和区域构造-沉积背景，对研究区沉积相进行了研究，确定飞仙关期继承了长兴期岩相古地理基本格局。发育局限-蒸发台地相、开阔台地相、台地边缘相、台地前缘斜坡相和陆棚（海槽）相（表 3-2）。

表 3-2　川东北地区飞仙关组沉积相类型及岩性特征

沉积模式	相	亚相	微相	主要岩性特征	主要发育层段
台地模式	局限-蒸发台地	潮坪	膏坪、云坪、云膏坪、膏云坪、灰云坪、灰泥坪	膏岩、云膏岩、膏云岩	飞四段
		点滩	鲕滩	鲕粒灰岩、鲕粒白云岩	
		潟湖	灰质潟湖	泥灰岩、泥晶灰岩	
	开阔台地	台内滩	鲕滩、砂屑滩	残余鲕粒白云岩、残余砂屑白云岩、鲕粒灰岩、砂屑灰岩	飞二段、长二段、长三段
			滩间	(含)颗粒泥晶灰岩、泥晶灰岩	
		潮下	静水泥	泥晶灰岩、(含)颗粒泥晶灰岩、含泥灰岩、泥灰岩、泥页岩	
	台地边缘	台缘滩	鲕滩、暴露滩、砂屑滩、滩间	鲕粒灰岩、砂屑灰岩、鲕粒白云岩、砂屑白云岩、残余颗粒白云岩、晶粒白云岩	飞二段、飞一段
		滩间	潮坪、潟湖	泥晶灰岩、(含)颗粒泥晶灰岩	
	台地前缘斜坡		缓斜坡/陡斜坡	泥晶灰岩、泥灰岩、滑塌角砾岩、瘤状灰岩、燧石结核灰岩、硅质灰岩	
	陆棚(海槽)		浅水陆棚/深水陆棚	硅质灰岩、瘤状灰岩	

1. 单井相剖面分析

单井沉积相的识别和划分是剖面相以及平面相分析的基础,本次研究观察描述了川东北地区飞仙关组多口钻井,编制了剖面沉积相分析图,现从中选取最具有代表性的黄龙 3 井(图 3-20)、罗家 4 井(图 3-21)以及赵家 1 井(图 3-22)进行单井沉积相分析。

1)黄龙 3 井

黄龙 3 井位于黄龙场地区,飞仙关组与下伏上二叠统长兴组是连续过渡沉积,与上覆地层嘉陵江组为整合接触。长兴组岩性为灰-灰白色中-厚层生屑泥晶灰岩,嘉陵江组底部为厚层灰岩。黄龙 3 井飞仙关组的具体特征如下。

飞四段为局限台地沉积环境,顶部发育泥云岩夹薄层泥岩,见极薄层石膏;飞三段主要为开阔台地沉积环境,顶部发育局限台地,局限台地岩性为灰岩夹极薄层泥灰岩,飞三段中部为一套厚层灰岩,底部为白云岩夹极薄层灰岩;飞二段主要发育台地边缘相,岩性为鲕粒灰岩与灰岩互层的组合;飞一段上部发育台地边缘环境,主要发育滩间灰质潮坪,下部为台地前缘缓斜坡相,岩性具有底部泥质灰岩上发育大套灰岩的组合特征。

2)罗家 4 井

罗家 4 井位于罗家寨地区,飞仙关组与下伏上二叠统长兴组是连续过渡沉积,与上覆地层嘉陵江组为整合接触。下部长兴组岩性为泥晶生屑灰岩,上部嘉陵江组岩性为白云岩。罗家 4 井飞仙关组的具体特征如下。

飞四段为局限台地沉积环境,岩性是白云岩与泥岩互层的组合,偶见极薄层膏云岩;飞三段为开阔台地沉积环境,该段上部和下部为一套潮下静水泥相的灰岩沉积,中部见薄层台内滩沉积,发育鲕粒灰岩;飞二段上部发育开阔台地相,下部发育台地边缘相,顶部为一套灰岩夹白云岩沉积组合,中上部见极薄层泥岩,中部和下部发育厚层鲕滩沉积,最厚滩体约为 36m;飞一段上部为台地边缘沉积,下部为台地前缘缓斜坡沉积,均为灰岩沉积。

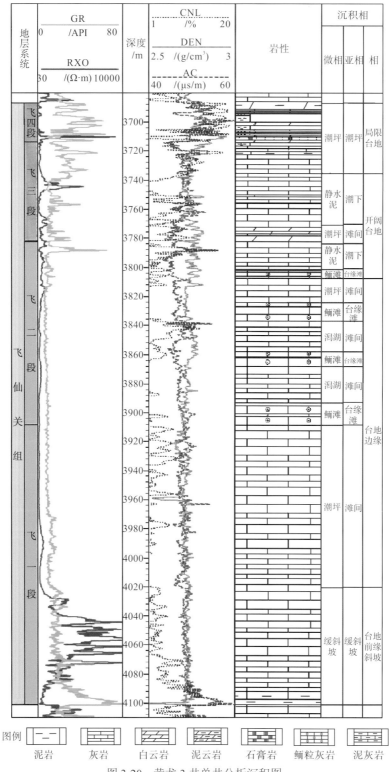

图 3-20　黄龙 3 井单井分析沉积图

CNL：补偿中子；DEN：密度

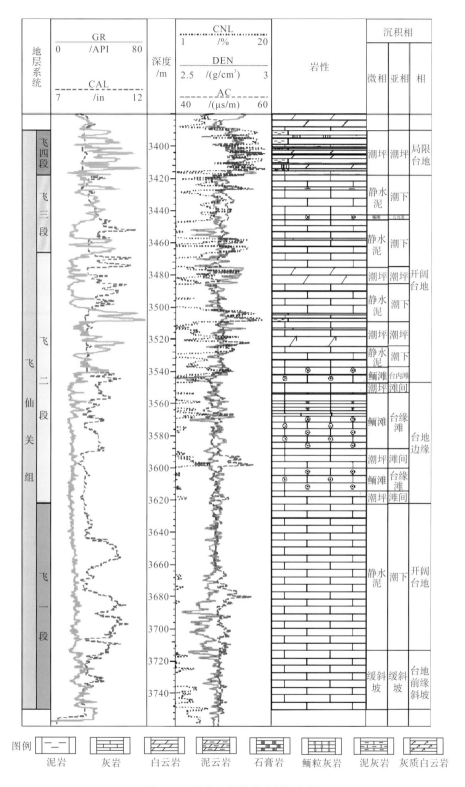

图 3-21　罗家 4 井单井分析沉积图

CAL：井径；1in=2.54cm

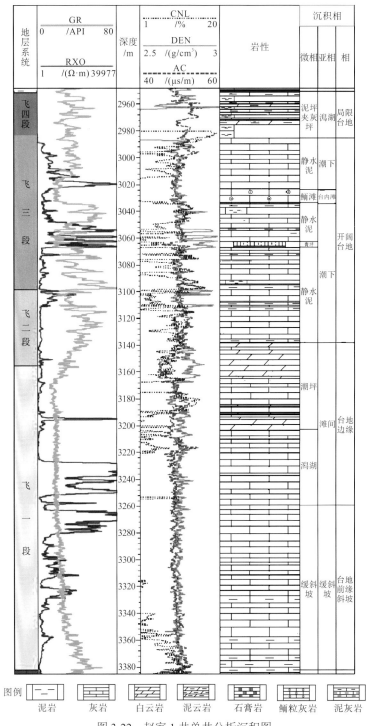

图 3-22 赵家 1 井单井分析沉积图

3) 赵家 1 井

赵家 1 井位于赵家湾地区，飞仙关组与下伏上二叠统长兴组是连续过渡沉积，与上覆地层嘉陵江组为整合接触。下部长兴组岩性为灰岩，上部嘉陵江组岩性为泥质白云岩。赵家1井飞仙关组的具体特征如下。

飞四段为局限台地沉积环境，岩性是泥质白云岩与泥岩互层的组合，偶见极薄层灰岩；飞三段为开阔台地沉积环境，主要岩性为灰岩，中部可见薄层鲕滩，厚度约为8m，偶见灰岩中夹极薄层泥岩和硬石膏；飞二段上部发育开阔台地相，岩性为灰岩，下部为台地边缘沉积，见大套白云岩储层；飞一段上部为台地边缘沉积环境，岩性为灰岩夹白云岩组合特征，下部为台地前缘缓斜坡沉积，岩性主要为灰岩，可见底部发育含泥灰岩，并且在飞一段中部灰岩中偶夹含泥灰岩。

2. 连井相剖面分析和对比

反映碳酸盐岩平面沉积相展布特征的地质因素较多，如地层厚度、颗粒岩厚度或厚度百分比、白云岩厚度或厚度百分比、生物的丰度及属种、岩石的颜色、沉积构造和特殊矿物的含量等，对它们的综合分析研究是确定沉积相类型及其平面展布特征的关键。以单井相标志和连井沉积相剖面对比为基础，通过编制地层等厚图等能反映沉积环境特征的单因素图件，结合地震相特征，可较为深入地揭示研究区栖霞组各段沉积相平面展布特征和演化规律。

1) 五龙1井—坡5井—大湾1井—普光304-1井—老君1井—七里北2井—七北101井—渡4井

五龙1井—坡5井—大湾1井—普光304-1井—老君1井—七里北2井—七北101井—渡4井沉积相对比如图3-23所示。该条连井对比剖面近SN向展布。横向上地层厚度自南向北具有略变厚、沉积水体由浅变深的趋势，台地发育时期依次发育开阔台地相—台地边缘相—局限台地相；纵向上依次发育开阔台地相—台地边缘相—局限台地相—开阔台地相—台地边缘相—局限台地相，反映沉积水体逐渐变浅的趋势。四级层序sq6时期，区域上以发育开阔台地沉积为主，以灰色灰岩沉积为主，坡5井发育小规模的台内滩；普光304-1井和老君1井以台地边缘相为主，发育较大规模的台缘滩，可能与古地理格局和地形隆起有关，横向上沉积厚度较稳定。sq7时期，五龙1井—坡5井—大湾1井发育两期台缘滩，厚度大。sq8时期，区域上发育两期小规模台缘滩体，发育局限台地相和开阔台地相，可能是与该期海平面下降、水体变浅、水动力减小有关；sq9时期，区域上以稳定的开阔台地沉积为主，渡4井发育一期台内滩，除此之外，仅普光304-1井发育小规模台缘滩；sq10时期，区域沉积水体逐渐变浅，稳定发育局限台地相。整体上，区域上发育三期台缘滩，呈现由薄变厚再变薄的变化特征。

2) 七北101井—七北103井—七里北1井—七北102井—东升1井

七北101井—七北103井—七里北1井—七北102井—东升1井沉积相对比如图3-24所示。该条剖面横向上地层、相带分布不稳定，由北向南地层逐渐变薄，东北部的东升1井、七里北1井台地发育时期依次发育开阔台地相—台地边缘相—局限台地相；纵向上东升1井、七北102井和七里北1井依次发育开阔台地相—台地边缘相—局限台地相—开阔台地相—台地边缘相—局限台地相，构成两个大的海侵-海退沉积旋回。滩体发育时期主要在四级层序sq7-HST，横向上均稳定发育两期滩体，规模较大，为加积型沉积。七北101井只发育开阔台地相—局限台地相，滩体未见发育。在sq10时期区域上普遍发育一套以灰岩为主的潮坪沉积。

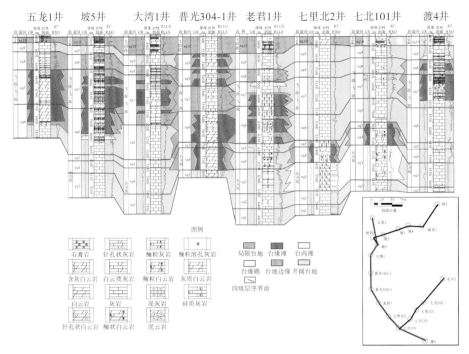

图 3-23　五龙 1 井—坡 5 井—大湾 1 井—普光 304-1 井—老君 1 井—七里北 2 井—七北 101 井—渡 4 井沉积相对比图

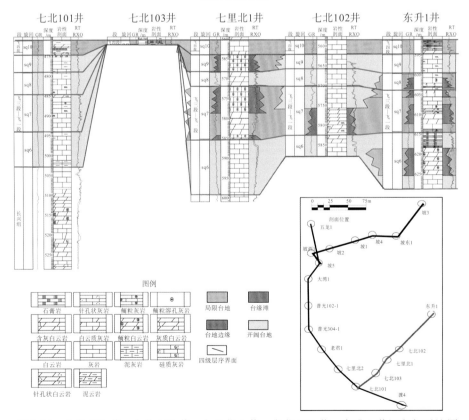

图 3-24　七北 101 井—七北 103 井—七里北 1 井—七北 102 井—东升 1 井沉积相对比图

3) 坡 5 井—坡西 1 井—坡 2 井—坡 1 井—坡 4 井—坡东 1 井—坡 3 井

坡 5 井—坡西 1 井—坡 2 井—坡 1 井—坡 4 井—坡东 1 井—坡 3 井沉积相对比如图 3-25 所示。该条连井对比剖面呈 EN—WS 走向，具有相似的沉积背景，横向上地层、相带分布稳定，台地发育时期依次发育开阔台地相—台地边缘相—局限台地相；纵向上依次发育开阔台地相—台地边缘相—局限台地相—开阔台地相—台地边缘相—开阔台地相—局限台地相，反映沉积水体逐渐变浅的趋势。四级层序 sq6 时期，区域上以发育开阔台地和局限台地沉积为主，其中，坡 2 井、坡 1 井和坡东 1 井发育小规模的台缘滩，可能与古地理格局和地形隆起有关，横向上沉积厚度较稳定。sq7 时期，区域上主要发育台地边缘相，共发育两期台缘滩，厚度大，规模大，呈加积型的演化规律；sq8 时期，区域上发育小规模台缘滩，仍主要发育局限台地相和开阔台地相，可能是与该期海平面下降、水体变浅、水动力减小有关；sq9 时期，区域上以稳定的开阔台地沉积为主，坡东 1 井发育一期台内滩；sq10 时期，区域沉积水体逐渐变浅，稳定发育局限台地相，以灰岩、膏岩为主。整体上，区域上发育三期台缘滩，呈现由薄变厚再变薄的变化特征。

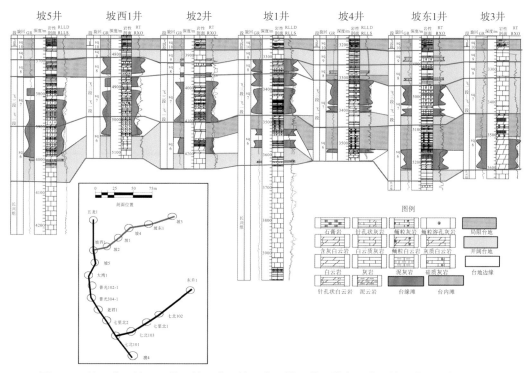

图 3-25　坡 5 井—坡西 1 井—坡 2 井—坡 1 井—坡 4 井—坡东 1 井—坡 3 井沉积相对比图

二、沉积相纵横向分布特征及演化规律

根据层序地层研究所提供的时间界线，结合各岩类的分布情况及测井资料、区域地质资料和前人研究成果，以及对研究区内飞仙关组进行的单井相分析和多井相对比，在对整个海槽东侧沉积演化进行宏观研究的基础上，充分利用现有钻井资料，对飞仙关组的沉积

相带展布及发展演化情况做了较为深入的研究。整体而言,飞仙关组沉积相纵横向变化大,总体上看是台地相向西南方向不断扩大,而海槽相相应退缩。

(一)纵向变化

飞仙关组沉积相纵向演化趋势是:自下而上,其相序的变化特征显示了水体逐渐变浅的特点,由斜坡逐渐过渡为开阔海(罗家寨区块),最终趋于局限海潮坪相沉积(渡口河区块)。内部包含若干个向上变浅的相序变化。飞仙关期碳酸盐台地沉积的加积和进积特征明显,代表较强沉积水动力条件的鲕粒白云岩在台缘最发育,向台地内部明显减少。而白云石化的程度主要受近地表成岩环境的物理化学条件影响。到飞四时期,海槽已逐渐被填平补齐,实现了地形、地貌上的均一化,T_1f^4发育一套区域性混积潮坪沉积。在局限海台地与开阔海台地之间的罗家寨地区,为台地内部的局部高地貌,局限台地向开阔台地转变的过渡区,鲕粒白云岩与鲕粒灰岩相对发育,且具有一定的白云石化作用,为储层发育的较有利地区。

(二)沉积相分布特征

由于川东北地区飞仙关组气藏优质储层主要是飞仙关组中下部飞一段—飞二段的鲕粒白云岩储层,在川东北蒸发台地有利沉积相带上呈席状和透镜状广泛分布。从油气勘探的角度,通过地质、测井和地震资料综合研究,对飞仙关早、中期控制鲕粒白云岩储层发育分布的主要沉积相类型分布进行刻度和认识,综合编制出川东北地区飞仙关组沉积相分布图(图3-26)。

本次飞仙关组沉积相分布图编制中,将川东北地区飞仙关早、中期主要沉积相类型划分为陆棚-盆地相、台地边缘相、蒸发台地相、台地前缘斜坡相、局限台地相等。飞仙关早、中期陆棚-盆地相与晚二叠世开江—梁平海槽、鄂西—城口海槽内的大隆组深水硅质岩凝缩层沉积区基本吻合,沉积水深在风暴浪底以下的近线状展布的深水沉积区。该环境水体深度大,水动力条件极差,水体循环基本停滞,几乎无底栖生物的存在,主要沉积物是表层海水悬浮物、浮游生物产生的远洋沉积物和由各种密度流向深水搬运的台地碳酸盐岩以及少量的火山屑。沉积物一般色暗、粒细、水平层理发育,以黑灰-深灰色薄层泥晶灰岩、页岩为主,夹厚层浊积岩。

台地前缘斜坡相主要发育在台地两侧的凹陷或海槽边缘,沉积于晴天浪底至风暴浪底之间,水动力条件总体较弱,间歇性的风暴作用可在短时间内形成较高能沉积环境。岩性以(褐、深)灰色薄层泥晶灰岩、泥质灰岩为主,夹钙质泥岩、页岩以及来自台地边缘的滑塌沉积物,可见等深流及碎屑流沉积,水平层理、楔状层理、粒序层理、条带状构造、滑动变形、水平潜穴与水平虫迹发育,含菊石类、瓣鳃类化石。由于边界性质不同斜坡宽窄不一,并随台地的增生和台盆的闭合逐渐向北西迁移,沉积厚度变化较大,鲕粒岩不发育。在川东北地区,飞仙关早期温泉井断裂带差异性升降活动,在断层东南翼下降块长兴期开江—梁平海槽、鄂西—城口海槽、斜坡及台缘之间,形成了楔形伸入的开州—云阳斜坡带单元,使长兴期"两缘两带"的特征在本区不复存在,同时也分割了川东连陆台地,使在温泉井断层西北上升块形成的川东北碳酸盐岩蒸发台地更具有孤立台地特征。

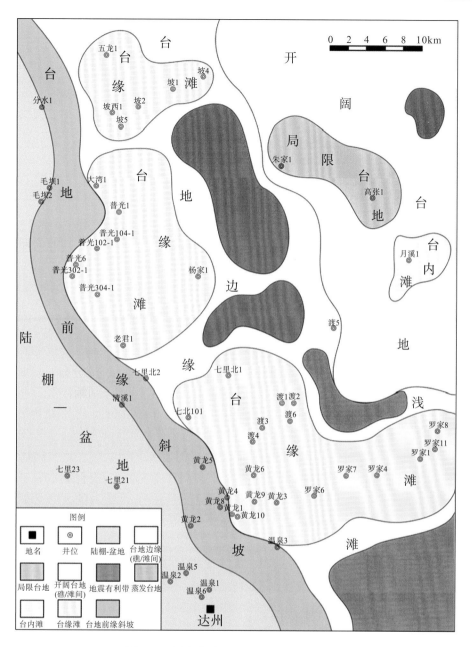

图 3-26　川东北地区飞仙关组沉积相分布图

　　蒸发台地潟湖相是川东北蒸发台地内以飞一晚期—飞二早期受台缘障壁带围限遮挡，其与开阔海的连通性变差或海平面下降时，潟湖内水体的盐度较大，海水封闭浓缩，较集中发育了厚度较大的膏质蒸发岩，通常覆盖于飞一段下部渗透回流白云石化作用形成的台内滩相白云岩之上。由于蒸发台地潟湖的发育或多或少与潮坪相似，并常与潮坪密切伴生，特别是在气候比较干旱的情况下难以区分，也可称为蒸发台地潟湖-潮坪相，沉积构造以水平层理为主。由于台内滩的遮挡作用，其与外海的连通状况较差，波浪作用只能带来一些细粒沉积物。潟湖沉积物以灰、深灰色泥晶灰岩为主，夹有泥质灰岩、颗粒灰岩及薄层白云质灰岩。盐度和温度上有较大的分异，因此往往缺乏正常海相生物化石，有时发育广盐性的瓣鳃、腹足生物等，蒸发潮坪主要为结核状的石膏、白云质膏岩、膏质白云岩、红色泥质岩及泥粉晶白云岩，具微斜层理，暴露性沉积标志明显，如泥裂、角砾化、石膏假晶、石盐假晶等，干裂、鸟眼、帐篷构造、潮汐层理、暴露溶蚀等构造常见。目前的勘探实际表明，在川东地区，飞仙关组不管是潟湖相还是潮坪相，其岩性均较为致密，未能形成优质的储集层。

川东北碳酸盐岩蒸发台地有东、西两个边缘相带。东部边缘相带毗邻鄂西—城口海槽，部分已出露地表。其野外露头剖面研究表明，在长兴期位于宣汉渡口岩至鸡唱盘龙洞间有边缘礁、滩发育。长兴期边缘礁、滩之上连续发育了飞仙关期的鲕滩，其鲕粒白云岩厚度近100m，其上覆盖数十米的岩塌角砾岩。研究表明飞仙关期对长兴期的边缘礁滩沉积环境具有明显的继承性，飞仙关组底部的鲕粒白云岩属台地边缘鲕粒障壁滩沉积，其上覆盖含膏岩属潮坪沉积。飞一、飞二时期的川东北碳酸盐岩蒸发台地东部边缘相带在飞三时期随台地的增生和迁移，边缘鲕粒障壁滩向东迁移可一直追溯到城口庙坝、巫溪宁厂等地。飞一、飞二时期边缘相带鲕滩之上都是一套灰-紫红色的台内潮坪旋回沉积(包括飞四时期在内)。从野外露头盘龙洞飞一段、飞二段台地相的剖面过渡到深水斜坡相沉积的鸡唱剖面，距离约2km。由此可见台地边缘沉积相带的变化非常大。

川东北碳酸盐岩蒸发台地西侧的边缘相带在坡5井到普光、七里北、黄龙、天东一带。往北在坡西地区一直向通江牛角嵌方向延伸至九龙1井和金溪2井区域。钻井和地震资料显示其宽度在15km左右。台地边缘以陡坡向海槽相过渡，这在地震反射图上表现得十分清楚。沿台地边缘有长兴组边缘礁发育，如地面剖面通江铁厂林场礁及井下钻遇的毛坝、普光、七里北(黄石场)、黄龙、天东等礁气藏。在普光、坡5井区飞仙关组中下部的台地边缘鲕粒障壁滩相非常发育。普光2井飞仙关组厚达563m，其底部30m的含膏泥晶白云岩之上连续沉积了225m厚的鲕粒岩，再向上为鲕粒岩与泥晶白云岩、泥晶灰岩组成的含高能滩的潮坪旋回组合。这两段地层中的鲕粒岩大多强烈白云石化并经强烈的溶蚀作用改造成为优质储层。在此之上为飞三段及飞四段的含膏质蒸发潮坪旋回组合，所夹鲕粒岩薄层有的也成为孔隙性鲕粒白云岩储层。坡5井没有岩心资料，但所钻遇的400余米飞仙关组中自飞三段下部起共有厚度超过200m的鲕粒白云岩储层。

(三)沉积相演化规律

本书对川东北地区飞仙关组不同时期沉积相的展布及演化特征进行了详细研究，具体分析如下。

(1) Ⅰ旋回时期：Ⅰ旋回早期，从长兴组中晚期发展起来的开江—梁平海槽仍然存在，且分布范围较大，总体呈NW向展布，此时碳酸盐台地初具雏形，分布范围相对狭小。从目前钻井资料看，陆棚(斜坡)相在开江—梁平海槽东侧地区较为宽泛，坡度较缓。Ⅰ旋回末期，随着碳酸盐台地朝NE方向不断增生，开江—梁平海槽逐渐消亡，台缘鲕滩开始发育。随着海平面逐渐下降，沉积环境逐渐变浅，继续进积。碳酸盐岩高速沉积，台地开始向北扩展，海槽被沉积物迅速充填，沉积界面上升至风暴浪基面之上，演化为陆棚。海槽东侧台缘鲕滩向西迁移至罗家寨一带，由于台缘鲕滩的遮挡作用，其后广大地区(包括渡5井、罗家5井及其以东地区)为受局限的低能环境，以沉积大套泥晶灰岩、薄层泥晶白云岩及石膏与膏质白云岩组合为特征。

(2)Ⅱ旋回时期：该时期是台缘鲕滩发育的繁盛阶段。在沉积环境总体变浅的背景下，又经历了一次相对海平面逐渐上升—下降的次级旋回，海槽继续向南西方向退缩，台地上碳酸盐岩快速沉积，台地不断向陆棚区加积增生，陆棚也同时向原海槽区迁移。台地上滩体发育厚且有向原海槽区迁移的迹象。

此时研究区在Ⅰ旋回末期的基础上，沿海槽展布的鲕滩继承发育，在区内平行海槽呈NW—SE向展布，滩体横向连片，分布范围广，鲕粒白云岩与鲕粒灰岩累计厚度大。由于台地边缘继续向SW方向迁移，研究区台缘带演变为位于台地内部的开阔台地环境，以发育台内鲕滩为主。台缘鲕滩对其后方的沉积环境形成局限，沿金珠1井—鹰1井一线分布较厚的局限海沉积。研究区钻井剖面上Ⅱ旋回顶部可见以薄纹层泥晶白云岩、石膏或鲕粒角砾岩为代表的浅环境标志，而在西侧Ⅱ旋回顶部未见明显的潮坪沉积，多为自然伽马值增高段，说明当时两侧的古地貌仍存在明显差异，导致海槽东西两侧沉积相的差异。同时，渡口河—罗家寨地区水体开始变浅，开始出现台内鲕滩沉积。

(3)Ⅲ旋回时期：在沉积环境总体变浅的背景下，相对海平面略有上升而后又迅速下降，又经历了一次完整的海平面升降旋回。研究区内大部分已转化为台地环境，是台内鲕滩大量发育的时期。沉积环境较Ⅱ旋回时更浅，台缘鲕滩厚度明显减薄。区内总体上以台内鲕滩、滩间潟湖及潮坪沉积为主，台缘鲕滩可能主要发育在渡4井—罗家6井一线，厚度减薄，大多为10~20m，其后广大地区仍为受局限的低能环境，以潟湖或潮坪相的泥晶白云岩及膏岩类沉积为主。总体上看，该层序鲕滩储层的储集性能较Ⅱ层序差。

(4)Ⅳ旋回时期：区域海平面又经历了一个略微上升而后迅速下降的旋回，沉积环境继续变浅，区内已完全台地化。开江—梁平海槽区已转化为一分布面积较大的台地潟湖沉积，以中层状泥灰岩为主。在潟湖周围广泛分布鲕滩体。工区范围内为台内鲕滩、滩间潟湖及潮坪环境。

在原海槽东侧地区，局限海环境继续扩大，滩体主要分布在渡2井—黄龙3井一线。另外，在罗家1井井区也见到零星分布，厚度大多小于20m。

(5)Ⅴ旋回时期：填平补齐时期，台地走向均一化阶段。在Ⅴ旋回时期，海平面继续下降(相当于 T_1f^4 段)，随飞仙关期最后一次海平面下降，沉积环境已完全均一化，整个川东地区均为一套广阔的潮坪沉积，发育灰泥岩、泥岩、泥晶白云岩、膏质白云岩及石膏等，基本无鲕粒白云岩与鲕粒灰岩分布。

纵观研究区整个飞仙关组沉积环境的演化，在总体向上变浅的过程中又经历了若干次由于海平面频繁升降所引起的次级旋回。台地不断加积增生、海槽退缩消亡是盆地北部地区飞仙关期沉积发展的主要特征，它们导致沉积相带在平面上不断迁移，纵向上重复叠置。需要指出的是，这种相带的迁移(特别是鲕滩的穿时迁移)在有的地区表现并不明显，这可能与井间古地貌差异较小以及局部基底沉降有关。

第四章　飞仙关组高含硫气藏烃源岩特征

第一节　油气源对比

从气体成因和碳同位素以及生物标志化合物对比角度分析油气来源是目前精细油/气源对比技术中较为先进的手段。不同成因类型天然气性质的差别主要反映在同位素比值、古生物标志和化学组成上。图 4-1 展示了四川盆地东北部普光、黄龙场及邻近构造带飞仙关组和长兴组天然气 $C_1/(C_2+C_3)$ 比值和储层沥青 $\delta^{13}C$ 值相关特征，在伯纳德(Bernard)图版上，测试数据基本落在烃源岩为Ⅱ型干酪根的热成因区域，可以基本判定以下三个事实：其一，研究区(非研究区有煤系烃源岩的另当别论)飞仙关组和长兴组气藏烃类气体主要来源于泥质岩或灰岩的Ⅱ型干酪根有机质，而非煤型气，因为含煤源岩有机质多为Ⅲ型干酪根，且碳同位素较重，更为重要的是研究区范围内煤系地层不发育；其二，研究区气体属于热成因气体，而非生物及其他成因的气体；其三，基本表明研究区飞仙关组和长兴组气藏应为同一来源。

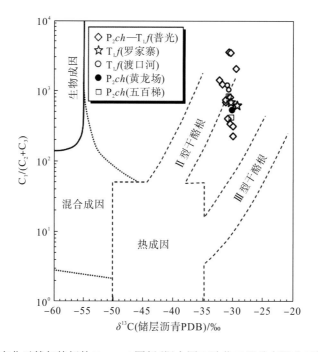

图 4-1　川东北天然气特征的 Bernard 图版(据中国石油化工股份有限公司勘探分公司
2007 年内部报告修改)

　　热成因气可区分为干酪根初次裂解气和原油二次裂解气两类。近年来，国内外学者已做了大量工作(Zhao et al.，2005)，热解实验和实例研究均说明干酪根裂解气具有 C_1/C_2 值不断增大和 C_2/C_3 值相对稳定的特点，而原油裂解气具有 C_2/C_3 值明显增大、C_1/C_2 值变化不大的特点。研究区及邻区天然气的 $\ln(C_1/C_2)$ 值为 6～8，$\ln(C_2/C_3)$ 值为 0～3，总体表现为 $\ln(C_2/C_3)$ 明显增大，而 $\ln(C_1/C_2)$ 不变或呈减小趋势(图 4-2)，这种分布样式表明气体主要是古原油二次裂解成因。这一点另有其他证据证明，本区飞仙关组和长兴组储层中发现大量固体沥青，勘探结果表明气层储量和产量受控于沥青的含量与分布；研究区海相碳酸盐岩储层经历过高于 200℃ 的温度，现今的热成熟度 R_o 为 2.0%～3.0%，也就是说，根据地层埋藏演化史资料，本区飞仙关组和长兴组古油藏具备了原油裂解的地温条件，这也支持原油裂解是海相富氢源岩成气主要原因的观点。同时，这也进一步说明了研究区气体不是含煤有机质直接裂解生气(非干酪根初次裂解气)，亦非含煤有机质先生油再裂解成气(实测碳同位素比值与澳大利亚吉普斯兰盆地、印度尼西亚库泰盆地、挪威大陆架中部默里盆地及吐哈盆地煤成油 24‰ 的平均碳同位素比值差别较大)。

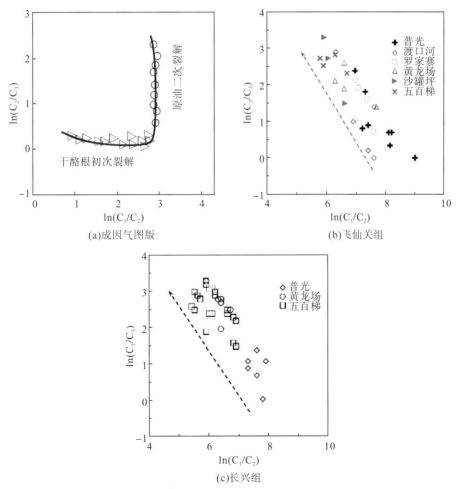

图 4-2　热裂解成因气图版与川东北飞仙关组和长兴组天然气成因分析图

值得指出的是，油藏中的原油与烃源岩中的可溶有机质在高温条件下均可裂解成气，两者在化学和碳同位素组成上目前尚无法区分，因而用上述方法鉴别的原油裂解气，并不一定完全来自古油藏原油的裂解，还可能有相关烃源岩有机质在高演化阶段的产物(图4-3)。

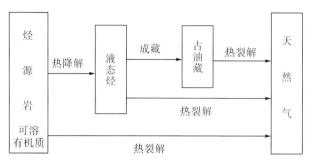

图4-3 飞仙关组和长兴组天然气成因示意图

如前所述，属于同源的飞仙关组和长兴组气藏，从化学组成和储集层中富含沥青的事实看，其天然气主要为古油藏原油裂解气，令人更关注的问题是其古油藏原油(即现今的固体沥青)源于哪套烃源岩层，是二叠系、志留系，还是寒武系？由于四川盆地东北部多套潜在烃源岩存在，演化程度较高，且在沉积环境及其有机质生源构成上没有显著差别，给油源对比工作造成了较大难度。就现有资料而言，通过烃源岩干酪根碳同位素和生物标志化合物进行对比来确定油气源是一种可行的方法。

川东北地区各时代烃源岩干酪根的碳同位素比值有明显差别(赵文智等，2006；Fang et al.，2008)，下侏罗统和上三叠统陆相烃源岩干酪根碳同位素较重，$\delta^{13}C$ 值介于$-26‰$～$-25‰$；寒武系干酪根碳同位素最轻，$\delta^{13}C$ 值介于$-32‰$～$-31‰$；二叠系和志留系烃源岩干酪根 $\delta^{13}C$ 值介于上述两者之间。按高热演化固体沥青的$\delta^{13}C$ 值一般高于源岩干酪根$1‰$～$2‰$的数量关系，研究区飞仙关组、长兴组储层沥青碳同位素转化后的数据与本区二叠系(龙潭组和茅口组)泥质岩与灰岩干酪根碳同位素比值$(-29‰$～$-27‰)$具有很好的对比性，结合有效烃源岩评价，初步认定研究区古油藏原油主要来源于二叠系龙潭组的暗色灰岩和泥质岩有机质，茅口组有机质有一定贡献，而下二叠统和下志留统生烃有机质贡献较少(图4-4)。

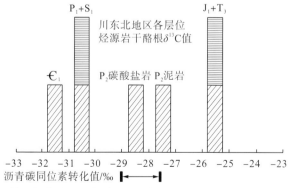

图4-4 黄龙场、普光气藏储层沥青碳同位素转化值与川东北潜在烃源岩碳同位素对比图

注：部分资料来自中国石油天然气股份有限公司西南油气田分公司勘探开发院 2019 年内部报告。

　　由图 4-5 可见，普光气田三叠系飞仙关组储层沥青的生物标志物特征与矿山梁剖面三叠系飞仙关组地层中油苗非常相似，孕甾烷、升孕甾烷、重排甾烷和 C_{27}、C_{28}、C_{29} 甾烷的丰度基本上一致；三环萜烷、五环萜烷的相对分布也基本上一致；所呈现的微小差异主要在矿山梁油苗比普光沥青的 C_{28}、C_{29} 三环萜烷的丰度略高，Tm[①]的含量略高(其中还包含 C_{30} 三环萜烷)，而伽马蜡烷的丰度略低。普光气田飞仙关组储层中沥青的成熟度与矿山梁剖面三叠系飞仙关组地层中的液体油苗成熟度有差异，其高的成熟度可能使其生物标志物的分布出现变化，基本说明其与矿山梁剖面飞仙关组油苗具有相似的烃源岩或者相似的生烃母质。

　　由图 4-6、图 4-7 可见，普光气田三叠系飞仙关组沥青抽提物甾烷和萜烷的分布与二叠系茅口组/龙潭组烃源岩较为相似，与上奥陶统五峰组—下志留统龙马溪组烃源岩存在一定差异，谱图显示普光气田飞仙关组沥青中 C_{27} 甾烷的丰度比上奥陶统五峰组—下志留统龙马溪组烃源岩抽提物中偏低。综合分析，认为四川盆地川东北地区飞仙关组与长兴组油气同源，主要来自二叠系龙潭组和茅口组烃源岩，长兴组和上奥陶统五峰组—下志留统龙马溪组烃源岩贡献较少。

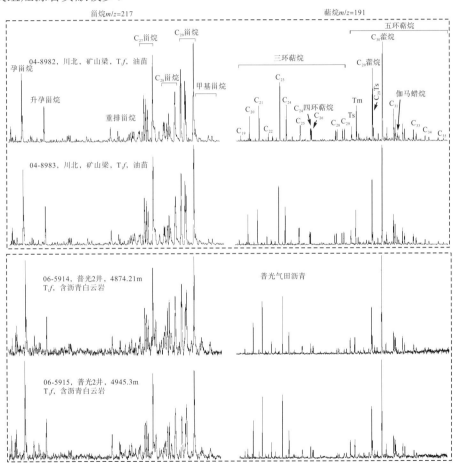

图 4-5　矿山梁三叠系油苗与普光气田沥青甾烷、萜烷分布对比图(据中国石油化工股份有限公司勘探分公司 2007 年内部报告)

---

① Tm 表示 17α(H)-22, 29, 30-三降藿烷。

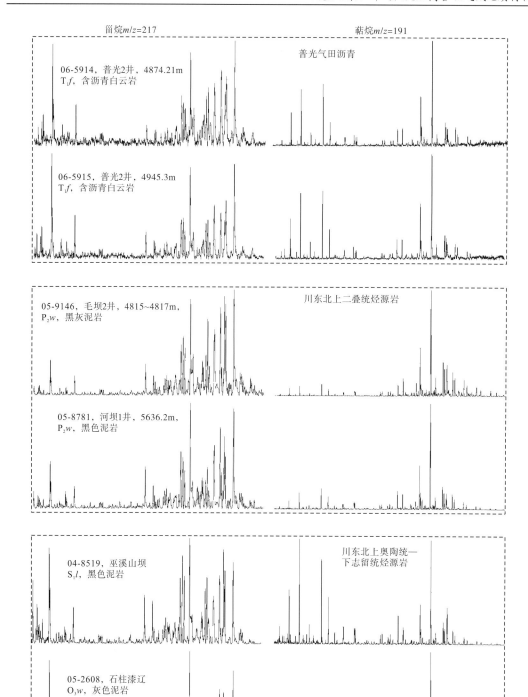

图4-6　普光气田飞仙关组沥青与志留系、二叠系烃源岩抽提物生物标志物对比图

（据中国石油化工股份有限公司勘探分公司2007年内部报告）

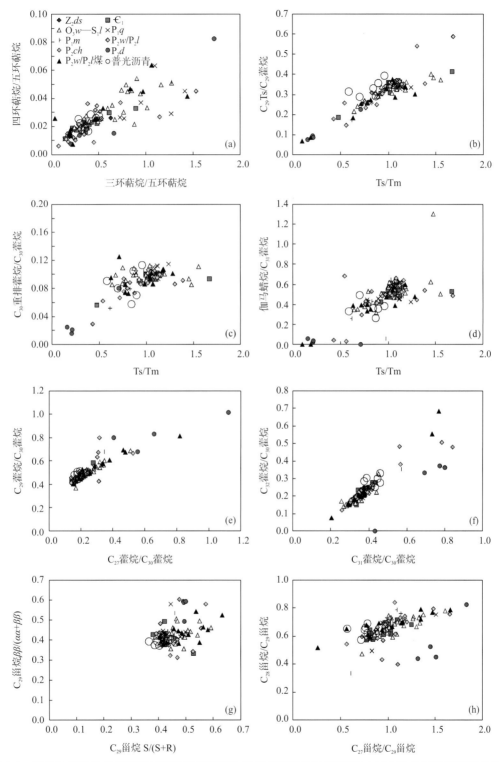

图 4-7 普光气田飞仙关组沥青与各时代烃源岩生物标志物参数对比图(据中国石油化工股份有限公司勘
探分公司 2007 年内部报告)

注：Ts 表示 18α(H)-22, 29, 30-三降藿烷。

第二节　烃源岩地球化学特征

综合测试数据分析及地层埋藏史、烃源岩生烃演化史模拟，本书对研究区主要烃源岩（中上二叠统茅口组和龙潭组烃源岩）进行了有机质丰度、类型、成熟度的评价，模拟计算出中上二叠统烃源岩生烃门限及其原油裂解成气门限。

二叠系是一套海陆交互相沉积，因而烃源岩的类型比较多，除泥岩外，还有灰岩、泥灰岩、碳质泥岩和煤。表 4-1 是按照不同地层单元和岩性对各类烃源岩中有机质丰度进行的统计。

表 4-1　四川盆地东北部二叠系不同地层单元有机质丰度与原始生烃潜力统计表

层位	岩类	地层有机碳含量(TOC)		烃源岩(TOC>0.5%)		推算的烃源岩原始生烃潜力/(mg/g)	
		样品数	分布范围/%	样品数	丰度平均值/%	最大值	平均值
P$_2$d	泥岩	38	0.43~21.20	37	8.52	70.0	27.5
	灰岩	10	0.47~2.03	9	1.21	5.9	3.2
P$_2$ch	泥岩	4	0.14~0.61	1	0.61	1.2	1.2
	灰岩	135	0.04~1.97	19	0.96	5.7	2.3
P$_2$w/P$_2$l	泥岩	390	0.17~5.93	372	2.83	16.0	7.1
	灰岩、泥灰岩	251	0.05~2.11	70	0.90	6.2	2.1
	碳质泥岩	92	6.05~38.54	92	12.94	110	36.0
	煤	32	41.82~81.53	32	59.98	200	150
P$_1$m	泥岩	25	0.42~3.56	24	1.48	11.0	4.1
	灰岩、泥灰岩	92	0.06~1.76	49	0.83	5.0	1.9
P$_1$q	泥岩	19	0.36~3.97	18	1.31	12.4	3.5
	灰岩、泥灰岩	67	0.07~1.88	31	0.78	5.4	1.7
P$_1$l	泥岩	21	0.21~5.85	20	1.55	15.8	3.5

下二叠统栖霞组和茅口组以灰岩、泥灰岩沉积为主，夹少量泥岩，不同地区灰岩、泥岩的比例可能有所差异，取决于其沉积环境和相带。上扬子地区 44 个栖霞组—茅口组泥岩样品统计表明，最高有机碳含量(TOC)为 3.97%，平均有机碳含量分别为 1.31%和1.48%，其中样品有机碳含量多数介于 0.5%~3.0%，占比 87%，只有少量的在 3.0%以上，与梁山组泥岩的分布很相似(图 4-8)。由于二叠纪时期高等植物相对比较发育，有机质的来源既可以是水生的，也可以是陆源的，有机质中类脂物质相对比下古生界寒武系、志留系有机质低，因而其有机质的类型相对要差一些。这些泥岩主要属于中等烃源岩，少量属于好烃源岩，其在未成熟—低成熟演化阶段的原始生烃潜力主要为 0.5~6mg/g，只有少量为 6~10mg/g。

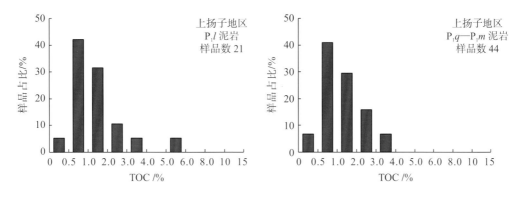

图4-8　上扬子地区二叠系中泥岩有机碳含量分布图

灰岩和泥灰岩是栖霞组—茅口组中主要的沉积岩类型。川东北河坝1井、普光5井及大量露头剖面栖霞组67个碳酸盐岩(灰岩、泥灰岩)样品统计(图4-9)表明,其有机碳含量均在2.0%以下,最高有机碳含量为1.88%,平均有机碳含量0.49%,其中有46%的样品有机碳含量低于0.4%,属于非烃源岩;有机碳含量为0.4%~0.6%的样品占24%,0.4%~1.0%的差烃源岩样品占45%;有机碳含量大于1.0%的中等烃源岩样品仅占8%。茅口组灰岩、泥灰岩的情况与栖霞组灰岩、泥灰岩差不多,最高有机碳含量为1.76%,平均有机碳含量为0.56%,其中40%的样品有机碳含量小于0.4%,48%的样品有机碳含量小于1.0%,有机碳含量大于1.0%的样品仅占12%,显然以中差烃源岩为主,好烃源岩很少。

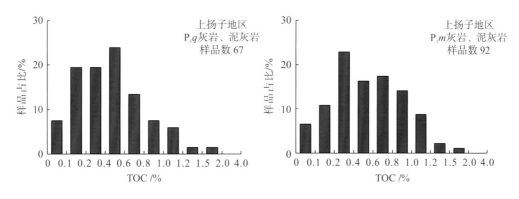

图4-9　上扬子地区二叠系碳酸盐岩中有机碳含量分布图(据中国石油化工股份有限公司勘探分公司2007年内部报告修改)

上二叠统吴家坪组(龙潭组)是一套海陆交互相含煤沉积,因此烃源岩的类型包括泥岩、碳质泥岩、煤和碳酸盐岩(灰岩和泥灰岩)。川东北地区河坝1井、普光3井、普光5井、毛坝2井、龙会4井、云安19井及许多地层剖面,川东南—黔西北地区浅2井、浅3井及许多地层剖面390个泥岩样品统计(图4-10)表明,只有5%左右的样品有机碳含量低于0.5%,有机碳含量为0.5%~1.0%的差烃源岩占10%左右,有机碳含量为1.0%~4.0%的中等与好烃源岩占63%,有机碳含量大于4%的好烃源岩占22%。390个样品平均有机碳含量为2.71%,其中372个烃源岩的平均有机碳含量为2.83%,属于好烃源岩。

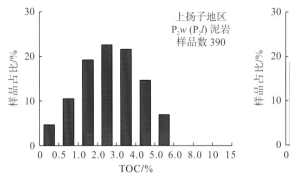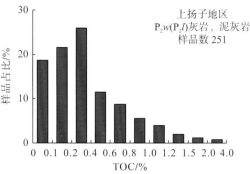

图 4-10　上扬子地区上二叠统吴家坪组(龙潭组)泥岩和碳酸盐岩有机碳含量分布图(据中国石油化工股份有限公司勘探公司 2007 年内部报告)

吴家坪组(龙潭组)中灰岩与泥灰岩是另一类沉积岩类,厚度在不同的地区不同,如在龙会 4 井中就比较厚,而在云安 19 井中就很薄。川东—川东南—黔西北地区吴家坪组(龙潭组)251 个灰岩、泥灰岩样品统计表明,最高有机碳含量为 2.11%,平均有机碳含量为 0.4%,其中 66%的样品有机碳含量低于 0.4%,有机碳含量 0.4%~1.0%的样品占 26%,非烃源岩和差烃源岩占全部样品的 92%,有机碳含量大于 1.0%的中等烃源岩样品仅占 8%。与该套地层中的泥岩相比,灰岩和泥灰岩的有机质丰度要低得多,显然其生烃的重要性远不如泥质烃源岩。

碳质泥岩和煤是吴家坪组(龙潭组)地层中重要的烃源岩之一。众所周知,在煤系地层中泥岩与碳质泥岩呈现渐变关系。对于钻井岩屑样品而言,很难区分泥岩与碳质泥岩。结合前人研究成果,以 6%的有机碳含量作为划分界线,将龙潭组中有机碳含量小于 6%的泥质岩为泥岩,有机碳含量大于 6%的泥质岩作为碳质泥岩,将有机碳含量大于 40%的沉积岩作为煤。因此,碳质泥岩的有机碳含量也就自然被定义在 6%~40%。由图 4-11 可见,上扬子地区 92 个碳质泥岩样品中,有 74%的样品有机碳含量为 6%~15%,这些碳质泥岩实际上仍然是很好的烃源岩;有机碳含量大于 15%的样品只有 26%,这些样品仍然是良好的气源岩。

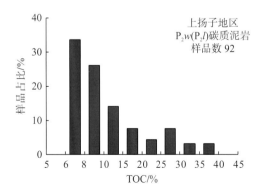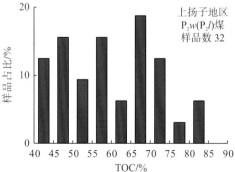

图 4-11　上扬子地区上二叠统吴家坪组(龙潭组)碳质泥岩和煤有机碳含量分布图(据中国石油化工股份有限公司勘探公司 2007 年内部报告修改)

　　煤在吴家坪组中有好几层，但厚度一般均不大，单层厚度都不超过 2m，累计厚度基本上不超过 5m。与我国北方侏罗纪相比，四川盆地二叠纪煤的厚度很小。这些煤的有机碳含量通常为 40%～85%，看不出有优势的分布范围。实际上，煤的有机碳含量并不能表示其生烃潜力。四川盆地及其周缘地区二叠纪吴家坪组中多数的煤，目前基本上达到过成熟的半无烟煤和无烟煤阶段，残余热解生烃潜力已经小于 40mg/g。但是，在川西北广元地区龙门山前及贵州瓮安、凯里地区仍然存在一些成熟度相对比较低的煤(镜质体反射率小于0.8%)，其热解生烃潜量仍然比较高，最高甚至可以达到185mg/g，氢指数达到200mg/g以上，充分表明二叠系的这些煤在未成熟—低成熟演化阶段具有较好的生烃潜力。根据以往的研究，这些煤在成熟阶段可以生成少量轻质油，而在高成熟、过成熟演化阶段可以生成大量的天然气，是良好的气源岩。

　　四川盆地上古生界烃源岩成熟度不低，干酪根 H/C 原子比基本在 0.7 以下，O/C 原子比基本在 0.08 以下，难以区分其原始有机质的类型。广元矿山梁剖面大隆组低成熟—成熟烃源岩的 H/C 原子比略高，目前样品点处于Ⅰ、Ⅱ型演化趋势线内，展现了良好的有机质类型，基本上应该以Ⅱ型有机质为主。由此推测二叠系栖霞组、茅口组和大隆组中的多数泥岩和灰岩可能以Ⅱ型有机质为主，而吴家坪组中的泥岩和碳质泥岩中有机质有相当部分来源于陆生植物，可能以Ⅱ型和Ⅲ型有机质为主(图 4-12)。

　　此外，矿山梁吴家坪组煤和贵州凯里万潮煤矿龙潭组煤由于其成熟度相对较低，H/C原子比为 0.7～0.8，基本上仍然处于煤的演化趋势范围内，也就是说这些二叠系的煤仍然属于典型腐殖煤，为Ⅲ型有机质。

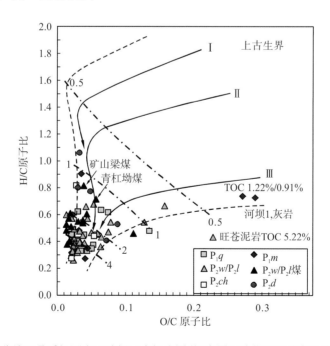

图 4-12　四川盆地二叠系烃源岩干酪根元素组成图(据中国石油化工股份有限公司勘探分公司 2007 年内部报告修改)

表 4-2 给出四川盆地不同层位有机质成熟度指标，统计结果表明，主要烃源岩均处于成熟—高成熟热演化阶段。

表 4-2　四川盆地不同层位有机质成熟度指标对比表

层位	镜质体反射率(R_o)/%	H/C 原子比	氢指数/(mg/g)	干酪根颜色
中三叠统雷口坡组	1.00～2.34	0.36～0.83	2.16～193.00	棕-深棕色
下三叠统嘉陵江组	1.07～2.258	0.17～0.93	1.01～127.7	棕-棕褐色
下三叠统飞仙关组	1.50～2.63	0.34～0.86	1.81～102.7	棕-棕褐色
二叠系长兴组	1.92～2.76	0.27～0.71	1.25～39.17	深棕-棕褐色
二叠系龙潭组	2.30～3.58	0.25～0.66	1.10～14.30	深棕-棕黑色
二叠系茅口组	2.42～3.30	0.25～0.69	1.32～56.16	深棕-黑褐色
二叠系栖霞组	2.51～3.97	0.26～0.46	1.30～136.74	深棕-棕褐色
志留系	2.13～2.66	0.31～0.68	5.20～26.50	深棕-深黑色

以研究区钻井地质资料为基础，对沉积埋藏史及烃源岩热演化史进行了研究，结果如下。

(1)沉积埋藏史。研究区志留纪普遍接受沉积，由于受加里东期剥蚀的影响，泥盆系缺失，仅局部地区有石炭系零星分布，下二叠统直接沉积覆盖在云南运动的古剥蚀面之上，相继接受了下二叠统梁山组、栖霞组、茅口组和上二叠统吴家坪组(或龙潭组)、长兴组(或大隆组)及下三叠统飞仙关组、嘉陵江组沉积。中三叠世末，受印支运动的影响，本区部分地区抬升，遭受了不同程度的剥蚀。晚三叠世末，由于湖盆收缩，上三叠统沉积厚度减薄。此后，该区进入快速沉降期，相继接受巨厚的侏罗系、白垩系沉积(图 4-13)。目前，研究区上覆地层已剥蚀至下白垩统。

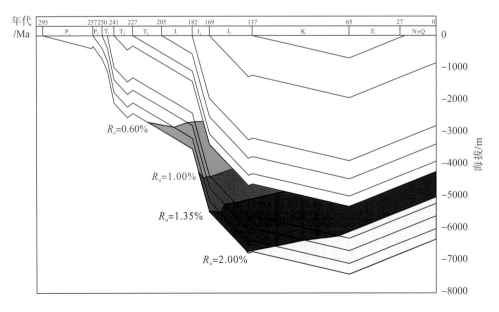

图 4-13　七里北 1 井烃源岩埋藏史-热史模拟图

（2）烃源岩热演化史。下二叠统：根据七里北 1 井模拟结果（图 4-13，表 4-3），下二叠统烃源岩于晚三叠世进入生烃门限，R_o 为 0.60%，此时埋深为 2687m，研究区普遍开始生油。中侏罗世早期埋深为 4250m，R_o 达 1.00%，进入生油高峰，液态烃大量形成，并开始初次运移。中侏罗世末埋深为 5483m，R_o 达 1.35%，生油结束，进入高成熟（凝析油-湿气）演化阶段。晚侏罗世末—白垩纪源岩演化至过成熟阶段，烃源岩经历的最大埋深为 7416m，R_o 大于 2.00%。由于烃源岩经历的沉积埋藏史有差异，因此烃源岩经历的热演化史也有较大的差异。目前研究区内烃源岩的 R_o 为 1.70%～3.20%，正处于高成熟期—过成熟期，主要形成油型气。

表 4-3　七里北 1 井烃源岩及储层埋深演化史数据表

层位	生烃阶段	R_o/%	温度/℃	埋深/m	地质期
下二叠统	生烃门限	0.60	71	2687	T_3x^4
	生油高峰	1.00	128	4250	J_2
	生油结束	1.35	166	5483	J_2
	湿气-干气阶段	2.00	185	6632	J_3
	最大埋深	2.66	210	7416	K
上二叠统	生烃门限	0.60	94	2846	J_1
	生油高峰	1.00	129	4448.5	J_2
	生油结束	1.35	165	5499	J_2
	湿气-干气阶段	2.00	182	6535	J_3
	最大埋深	2.39	200	7086	K
下三叠统飞仙关组	生烃门限	0.60	98	2702	J_1
	生油高峰	1.00	131	4381	J_2
	生油结束	1.35	164	5239	J_2
	湿气-干气阶段	2.00	187	6346	J_3
	最大埋深	2.25	210	6689	K

上二叠统：中三叠世沉积前，上二叠统烃源岩（R_o<0.60%）尚未进入生烃门限。中三叠世末研究区内仅局部地区进入生烃门限开始生油，高值区主要分布在研究区西南部。晚三叠世研究区上二叠统 R_o 多分布在 0.40%～0.65%，烃源岩仍处于成熟早期演化阶段，并呈现出西南高、东北低的热演化格局。这一热演化格局一直持续到中侏罗世初。中侏罗世末烃源岩陆续进入生油高峰（R_o>1.00%），液态烃大量形成，并开始初次运移，但仍保持了西南高、东北低的热演化格局，研究区西北部直到侏罗世末才进入生油高峰期。晚侏罗世末烃源岩 R_o 多分布在 1.40%～1.95%，达到高成熟演化阶段。白垩纪除研究区东北缘 R_o<2.00%外，其余地区 R_o 多分布在 2.00%～2.40%，源岩演化至过成熟阶段，且这一热演化格局一直持续至今。

第三节　烃源岩空间展布特征

中上二叠统烃源岩分为泥质岩、碳酸盐岩和煤岩三类，源岩分布总趋势为：华蓥山以东以灰岩为主，华蓥山以西以泥岩为主。烃源层主要分布在盆地西南，泥质源岩厚 10～150m（图4-14），平均厚度为49m，在西南和东南一带厚度较大，硐西1井厚164m，西北缘、北缘及东北缘较薄，多小于20m。在宣汉—达川地区，据毛坝3井、普光5井等井录井资料，碳质泥岩和钙质泥岩发育，累计厚度在110m左右；北部的河坝1井相对变薄，厚80m。龙潭组煤岩厚0～10m，平均厚度为2m；川中龙女寺和川东云阳地区厚度较大，川东北的东北地区较薄，少见或无煤，在宣汉—达川地区未钻揭煤层。

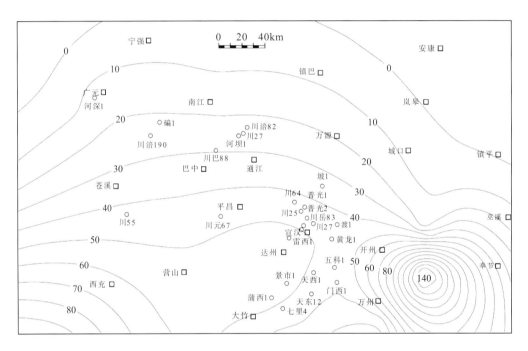

图4-14　川东北地区中上二叠统烃源岩等厚图

一、早侏罗世生油高峰期

川东北地区中上二叠统烃源层在早侏罗世埋深一般在 2500～4000m，其中宣汉以北地区埋深较大，可达 4000 m 以上；开州—万州一线以东地区埋深也较大，均在 3000m 以上。根据 R_o 与埋深的关系，本区该套烃源层有机质在这个地质时期基本上都进入生油高峰阶段。通过上述方法计算，其生烃强度主要在 $100×10^4～600×10^4 t/km^2$ 范围内变化（图4-15），开州—万州一线以东地区达 $400×10^4～600×10^4 t/km^2$，其他地区在 $100×10^4～400×10^4 t/km^2$ 范围内变化。

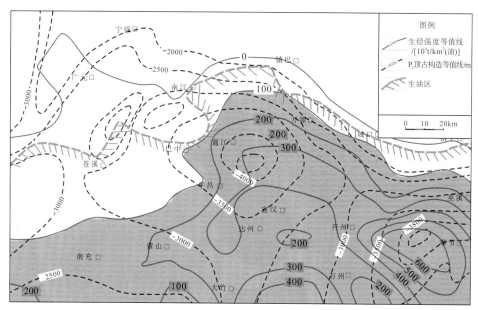

图 4-15　川东北地区中上二叠统烃源岩在早侏罗世生烃强度分布图(据中国石油化工股份有限公司勘探
分公司 2007 年内部报告修改)

目前，尚无利用生烃强度来评价和确定烃源灶的定量方法。本书借鉴生油岩评价指标来圈定烃源灶区域。在生油岩有机质丰度评价指标中，一般将生油潜量大于 2kg/t 作为有效生油岩的标准。这个数值相当于 $460 \times 10^4 t/km^2$，取整数为 $500 \times 10^4 t/km^2$。由于生烃强度是特定厚度情况下单位面积烃源层的生烃量，因而以这个生油岩有机质丰度评价指标作标准，采用生烃强度评价生烃灶，必须考虑烃源层厚度的变化。对于 100m 厚的生油层来说，要达到上述生油潜量标准，生烃强度要达到 $50 \times 10^4 t/km^2$；对 200m 厚的生油层，则要达到 $100 \times 10^4 t/km^2$；其他厚度依此类推。考虑到实际生油岩的分析数据与实验模拟数据存在一定差别及生油岩厚度等因素，将上述数量标准提高一倍，即对 100m 厚的生油层，其生烃强度要达到 $100 \times 10^4 t/km^2$ 才能作为有效烃源岩。这样可对生油层的主要供源区(生烃灶)进行划定。研究结果表明，川东北地区大部分区域的烃源岩在早侏罗世都可作为生烃灶，而主力生烃灶在开州—万州一线以东地区及宣汉—达川地区。

二、中侏罗世末进入生气演化期

到了中侏罗世末，大部分地区中上二叠统烃源层埋深增加到 4500～6000m，镜质体反射率达到 1.35%以上，随之有机质热演化进入成气阶段，烃源岩中干酪根和残留的可溶沥青开始裂解，生成的产物以气态烃类化合物为主；只有盆地北缘的宁强、镇巴、城口一带尚处于产液态烃演化阶段(图 4-16)。在这个时期，生烃强度具有西进东扩的趋势，总的分布格局与早侏罗世相比变化不大，而生烃强度有所增加。宣汉—达川一带生气强度达到 $400 \times 10^7 t/km^2$ 左右；开州—万州一线以东地区为 $400 \times 10^7 \sim 700 \times 10^7 t/km^2$。对比图 4-15 和图 4-16 可以看出，在这个地质时期，该层位烃源岩生烃灶向北迁移和扩大。

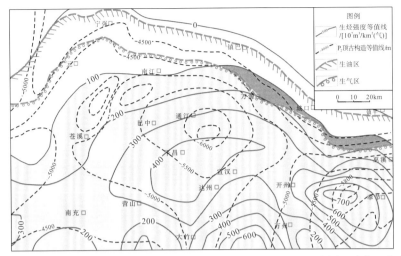

图 4-16　川东北地区中上二叠统烃源岩在中侏罗世末生烃强度分布图(据中国石油化工股份有限公司
勘探分公司 2007 年内部报告)

三、现今生气演化期

现今烃源岩埋深基本都在 5000m 以上，有机质均进入过成熟演化阶段。河坝 1 井和毛坝 3 井龙潭组泥质岩实测 R_o 为 1.9%～2.79%，5 个样品平均值为 2.35%，其中宣汉—达川地区毛坝 3 井样品的 R_o 较高，在 2.7%左右，而通南巴地区河坝 1 井样品的 R_o 相对较低，为 2.1%左右，说明这些地区该层位烃源岩有机质均已处于过成熟干气阶段。由于在中侏罗世末该地层沉积有机质就大都在高成熟演化阶段，依据成熟度与烃转化率的关系及生烃强度的计算方法，在高成熟演化阶段之后生烃强度不会发生大的变化，因而其分布格局与中侏世末的情况相差不多，只是生气区的范围向北部有所扩大(图 4-17)。

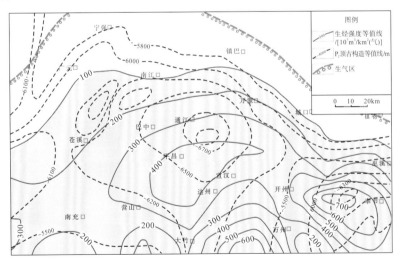

图 4-17　川东北地区中上二叠统烃源岩在现今生烃强度分布图
(据中国石油化工股份有限公司勘探分公司 2007 年内部报告)

第五章　飞仙关组高含硫气藏储层特征

第一节　储层岩石学特征与储集空间类型

一、岩石学特征

（一）鲕粒灰岩

在川东北地区飞仙关组中，灰岩是非常常见的岩石类型之一，灰岩类储层岩石主要为鲕粒灰岩。这些鲕粒灰岩基本上可见明显的粒屑结构，其中以鲕粒为主，部分可见砂屑、砾屑结构等内碎屑结构，鲕粒多呈球形-椭球形，鲕粒大小相对均一，主要集中在 0.2～0.4mm。鲕粒通常由泥晶-微晶大小的方解石构成，很多鲕粒圈层结构不明显，已经发生泥晶化作用或重结晶作用；同时，大多数鲕粒内部核心也发生了重结晶作用[图 5-1(a)和(b)]。鲕粒之间主要呈现孔隙式胶结，胶结物通常由微晶-粉晶（局部可见细晶）大小的亮晶方解石构成。在鲕粒灰岩中，局部可见少量白云石交代鲕粒，通常是交代鲕粒核部，这些白云石一般为相对较粗的粉晶（甚至细晶），以自形-半自形粒状为主。白云石晶体如图 5-1(c)和(d)所示。

（二）含云（白云质）灰岩

由于白云石含量为10%～50%，含云（白云质）灰岩在成因上应该与弱白云石化作用有关，多以粒屑结构为主(图 5-2)，从显微结构角度来看，与粒屑灰岩是类似的。较多的白云石以交代粒屑结构形式出现，晶体以自形-半自形为主，方解石则以亮晶胶结物的形式产出，主要呈等厚环边状出现在粒屑之间。

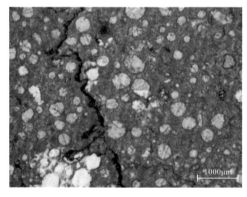

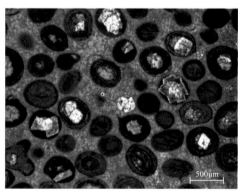

(a)紫1井，飞仙关组，3183.50m，鲕粒灰岩　　　(b)渡4井，飞仙关组，4205.00m，鲕粒灰岩

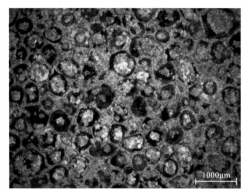

(c)罗6井，飞仙关组，3963.70m，鲕粒灰岩　　　(d)罗6井，飞仙关组，3968.00m，鲕粒灰岩

图 5-1　川东北地区飞仙关组鲕粒灰岩特征

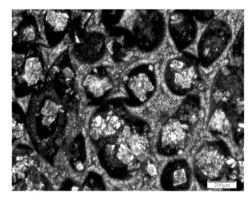

(a)坝南1井，飞仙关组，3990.00m，白云质灰岩　　(b)坝南1井，飞仙关组，3980.00m，含云灰岩

图 5-2　川东北地区飞仙关组含云(白云质)灰岩特征

(三)结晶白云岩

川东北地区飞仙关组结晶白云岩以晶粒结构为主，白云石晶体相对较粗，可按白云石晶体大小进一步划分为粉晶白云岩、细晶白云岩、中晶白云岩等亚类。大多数结晶白云岩或多或少地具有残余结构(残余鲕粒结构等)。总的说来，结晶白云岩中白云石晶体的大小差别较大(或多或少混入了部分微晶、细晶白云石)，部分甚至只能定义为不等晶白云岩。

1. 粉晶白云岩

粉晶白云岩，以晶粒结构为主，多数样品中的原始结构基本消失[图 5-3(a)]，但局部可以见残余鲕粒结构[图 5-3(b)]，或者可见模糊的鲕粒幻影[图 5-3(c)]。粉晶白云岩主要由粉晶白云石构成，集中分布在 0.02～0.03mm，以半自形-他形晶粒为主；局部可见少量充填孔隙的细晶白云石，集中分布在 0.05～0.07mm，以半自形晶粒为主[图 5-3(d)]。

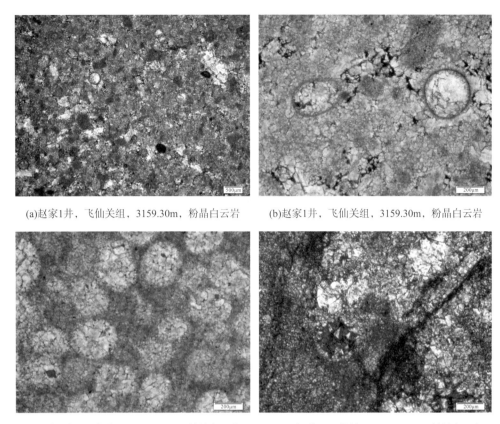

(a)赵家1井，飞仙关组，3159.30m，粉晶白云岩　　(b)赵家1井，飞仙关组，3159.30m，粉晶白云岩

(c)赵家1井，飞仙关组，3159.70m，粉晶白云岩　　(d)天成1井，飞仙关组，4108.60m，粉晶白云岩

图 5-3　川东北地区飞仙关组粉晶白云岩特征

2. 细晶白云岩

细晶白云岩，以晶粒结构为主，多数样品中的原始结构基本消失[图 5-4(a)]，但局部仍可以见模糊的鲕粒幻影[图 5-4(b)]。细晶白云岩主要由细晶白云石构成，粒径集中分布在 0.08～0.15mm，以自形-半自形晶粒为主[图 5-4(c)]；局部可见少量充填孔隙的中粗晶白云石，粒径集中分布在 0.3～0.4mm，以自形晶粒为主[图 5-4(d)]。

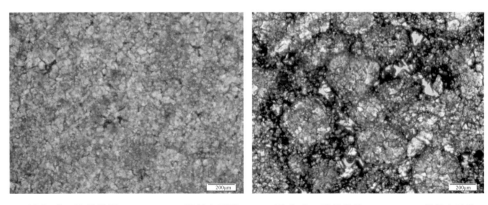

(a)赵家1井，飞仙关组，3160.20m，细晶白云岩　　(b)天成1井，飞仙关组，4105.90m，细晶白云岩

(c)新兴1井，飞仙关组，3285.20m，细晶白云岩　　(d)玉皇1井，飞仙关组，5073.10m，细晶白云岩

图 5-4　川东北地区飞仙关组细晶白云岩特征

3. 中晶白云岩

中晶白云岩，以晶粒结构为主，多数样品中的原始结构几乎消失[图 5-5(a)]，已经很难见到模糊的鲕粒幻影。中晶白云岩主要由中晶或粗晶白云石构成，粒径集中分布在 0.3～0.4mm，以半自形-自形晶粒为主[图 5-5(b)]；局部也可见少量充填孔隙的细晶白云石，粒径集中分布在 0.2mm 左右，以自形晶粒为主[图 5-5(c) 和(d)]。

(a)菩萨2井，飞仙关组，3676.10m，中晶白云岩　　(b)菩萨2井，飞仙关组，3676.10m，中晶白云岩

(c)菩萨1井，飞仙关组，3786.20m，中晶白云岩　　(d)菩萨1井，飞仙关组，3783.00m，中晶白云岩

图 5-5　川东北地区飞仙关组中晶白云岩特征

(四)粒屑白云岩

川东北地区飞仙关组粒屑白云岩以残余粒屑结构为主，残余粒屑类型主要包括鲕粒、内碎屑(以砂屑为主)等；填隙物可以是微晶基质，也可以是亮晶。岩石几乎完全白云石化，白云石含量在90%以上，但白云石晶体相对较细，粒屑或基质可以由粉晶-微晶(甚至泥晶)大小的白云石构成(在这一点上不同于结晶白云岩)，亮晶(如果能识别出亮晶)则由他形的不等晶白云石构成。根据该类白云岩中主要的粒屑类型，可以将其细分为以下两个亚类：鲕粒白云岩、砂屑白云岩。

1. 鲕粒白云岩

鲕粒白云岩基本上保留了明显的粒屑结构，残余粒屑以鲕粒为主，多呈球形-椭球形，鲕粒大小相对均一，主要集中在0.3～0.5mm[图5-6(a)]。残余鲕粒结构通常由粉晶-微晶大小的白云石构成[图5-6(b)]，这些白云石以半自形-他形粒状为主，局部粒内孔隙中充填相对较粗的粉晶(甚至细晶)大小的白云石，以他形-半自形粒状为主[图5-6(c)]；粒屑结构之间可以充填粉晶-微晶的白云石，以半自形-他形粒状为主[图5-6(d)]，部分地方保留了残余的世代胶结现象(黄思静等，2007)。

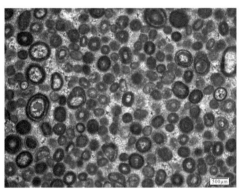

(a)赵家1井，飞仙关组，3163.60m，鲕粒白云岩

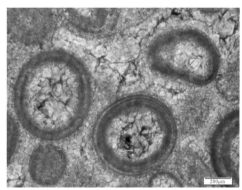

(b)赵家1井，飞仙关组，3163.60m，鲕粒白云岩

(c)正坝1井，飞仙关组，1802.00m，鲕粒白云岩

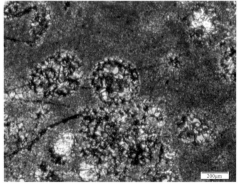

(d)坝南1井，飞仙关组，3984.00m，鲕粒白云岩

图5-6　川东北地区飞仙关组鲕粒白云岩特征

2. 砂屑白云岩

砂屑白云岩基本上保留了明显的粒屑结构,残余粒屑以砂屑为主,多呈椭球形,内部结构相对均一(部分也可能是鲕粒等粒屑重结晶造成的),但粒度差异较大,主要集中在0.3~0.8mm,甚至可见少量残余砾屑[图5-7(a)]。残余砂屑结构通常由粉晶-微晶大小的白云石构成[图5-7(b)],这些白云石以半自形-他形粒状为主,局部粒间孔隙中充填相对较粗的粉晶(甚至细晶)大小的白云石晶体,形态以他形-半自形粒状为主[图5-7(c)和(d)]。

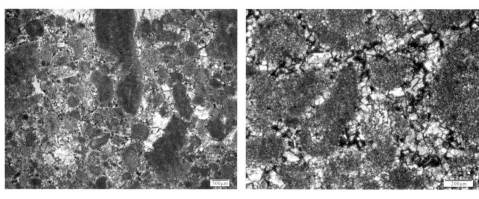

(a)正坝1井,飞仙关组,1810.90m,砂屑白云岩　　(b)正坝1井,飞仙关组,1810.90m,砂屑白云岩

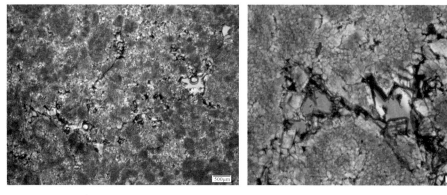

(c)玉皇1井,飞仙关组,5071.39m,砂屑白云岩　　(d)玉皇1井,飞仙关组,5071.39m,砂屑白云岩

图5-7　东北地区飞仙关组砂屑白云岩特征

(五)含灰(灰质)白云岩

尽管在矿物成分上,含灰(灰质)白云岩属于过渡岩石类型,但其结构仍以晶粒结构、残余粒屑结构为主。因此,从显微结构角度来看,含灰(灰质)白云岩与结晶白云岩、粒屑白云岩类似。对于以晶粒结构为主的含灰(灰质)白云岩而言,其方解石胶结物不均一分布,主要呈现斑块状或团块状;对于有较多残余鲕粒结构的含灰(灰质)白云岩而言,较多的白云石晶体以半自形-他形为主,方解石则以亮晶胶结物的形式产出,主要充填粒内孔隙或部分呈等厚环边状出现在粒屑之间(郑荣才等,2008)。

二、储集空间类型

通过对川东北地区野外剖面、钻井岩心和岩石薄片等的详细观察，将飞仙关组储层储集空间类型进一步划分为两类：①孔隙，包括针状溶孔、粒间溶孔（残余粒间孔）、粒内溶孔、晶间孔、晶间溶孔、超大溶孔等，主要以粒内溶孔、晶间溶孔、晶间孔为主；②裂缝，包括构造缝、压溶缝等（表 5-1）。

表 5-1　川东北地区飞仙关组储集空间类型特征统计表

储集空间类型		特征简述	发育程度
类	亚类		
孔隙	针状溶孔	孔隙整体较大，肉眼明显可见，孔径多在 0.5～1.5mm，局部层段密集分布，多呈顺层发育	较好
	粒间溶孔（残余粒间孔）	主要发育于残余粒屑白云岩，为不完全胶结充填后颗粒间残余的孔隙，多被后期扩溶作用扩溶形成粒间溶孔	差-中
	粒内溶孔	粒屑内部遭溶蚀而成，局部已被白云石晶体部分充填，大量充填后则向晶间孔、晶间溶孔转变	好
	晶间孔	主要分布于细-中晶白云岩中，白云石晶体保存完整，晶体棱角清楚，孔隙多呈三角形或多边形	好
	晶间溶孔	主要分布于细-中晶白云岩中，白云石晶体遭受溶蚀，晶体棱角不清或呈港湾状；多是在晶间孔的基础上扩溶而成	好
	超大溶孔	主要分布于细-中晶白云岩中，孔径一般大于 1mm	中-差
裂缝	构造缝	受构造作用形成，多以高角度缝出现，未见明显沿缝溶蚀作用	中-差
	压溶缝	沿裂缝或缝合线溶蚀扩大而成，往往被溶蚀残余物质充填，多为高角度溶缝或水平压溶缝	中-差

（一）孔隙类型

1. 针状溶孔

川东北地区飞仙关组局部层段可见针状溶孔发育，且部分岩心层段密集分布，多呈顺层发育 [图 5-8（a）和（b）]，但局部也可见针状溶孔少量或孤立分布 [图 5-8（c）]。这些针状溶孔整体较大，肉眼明显可见，孔径多在 0.5～1.5mm。同时，这些针状溶孔多数未被胶结物明显充填，部分可见沥青明显充填 [图 5-8（d）]。值得注意的是，川东北地区飞仙关组储层针状溶孔主要发育在白云岩层段，而在灰岩层段很少见到针状溶孔发育（马永生和田海芹，1999）。

2. 粒间溶孔（残余粒间孔）

川东北地区飞仙关组储层粒间溶孔（残余粒间孔）部分发育，主要发育在残余粒屑白云岩中，部分颗粒之间可见未被胶结物充填的残余粒间孔 [图 5-9（a）和（b）]，其后期经溶蚀形成粒间溶孔 [图 5-9（c）和（d）]。不过，由于后期大量白云石晶体的沉淀充填，不少粒间溶孔（残余粒间孔）已转变为晶间孔、晶间溶孔 [图 5-9（c）和（d）]。

(a)正坝1井，飞仙关组，1827.64m，针状溶孔　　(b)菩萨1井，飞仙关组，3786.88m，针状溶孔

(c)菩萨2井，飞仙关组，3613.73m，针状溶孔　　(d)新兴1井，飞仙关组，3293.10m，针状溶孔

图 5-8　川东北地区飞仙关组储层针状溶孔特征

(a)菩萨1井，飞仙关组，3784.26m，残余粒间孔　　(b)菩萨1井，飞仙关组，3784.26m，残余粒间孔

(c)菩萨2井，飞仙关组，3679.04m，粒间溶孔　　(d)赵家1井，飞仙关组，3163.60m，残余粒间孔

图 5-9　川东北地区飞仙关组储层粒间溶孔(残余粒间孔)特征

3. 粒内溶孔

川东北地区飞仙关组储层粒内溶孔比较发育，主要发育在残余粒屑白云岩中，部分鲕粒内部区域可见未被白云石、方解石胶结物充填而残留的粒内溶孔[图 5-10(a)和(b)]，其形成可能与鲕粒等粒屑在同生期或准同生期遭受大气淡水淋滤溶蚀等作用有关。不过，由于后期大量白云石晶体的沉淀充填，不少粒内溶孔已转变为晶间孔、晶间溶孔[图 5-10(c)和(d)]。

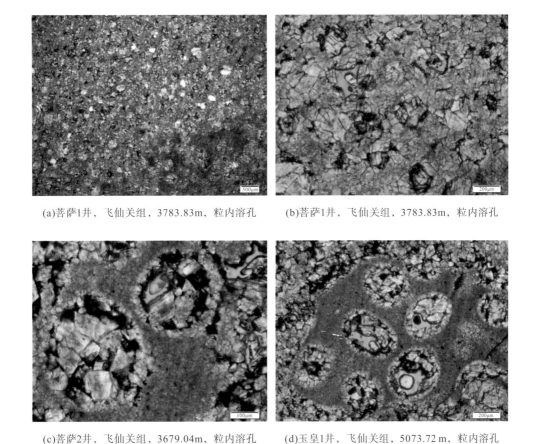

(a)菩萨1井，飞仙关组，3783.83m，粒内溶孔　　(b)菩萨1井，飞仙关组，3783.83m，粒内溶孔

(c)菩萨2井，飞仙关组，3679.04m，粒内溶孔　　(d)玉皇1井，飞仙关组，5073.72m，粒内溶孔

图 5-10　川东北地区飞仙关组储层粒内溶孔特征

4. 晶间孔、晶间溶孔

川东北地区飞仙关组储层晶间孔和晶间溶孔比较发育，主要发育于重结晶强烈、原岩组构遭到严重破坏的结晶白云岩中。这些结晶白云岩的原岩多为残余粒屑白云岩（鲕粒白云岩、砂屑白云岩等）、晶体尺寸相对较小的结晶白云岩。在以粉晶-细晶大小为主的白云石晶体之间可见明显的晶间孔和晶间溶孔，局部有油滴状、薄膜状沥青等充填这些孔隙（图 5-11）。

(a)赵家1井，飞仙关组，3161.00m，晶间孔　　(b)菩萨2井，飞仙关组，3671.66m，晶间孔

(c)菩萨2井，飞仙关组，3671.66m，晶间孔　　(d)赵家1井，飞仙关组，3161.87m，晶间溶孔

(e)赵家1井，飞仙关组，3161.87m，晶间溶孔　　(f)新兴1井，飞仙关组，3274.37m，晶间溶孔

图 5-11　川东北地区飞仙关组储层晶间孔、晶间溶孔特征

5. 超大溶孔

在川东北黄龙场—赵家湾区块飞仙关组结晶白云岩储层中还可见一定数量的超大溶孔(图 5-12)，主要发育于重结晶强烈、原岩组构遭到严重破坏的结晶白云岩中。这些超大溶孔的孔径一般大于 1mm，并连通了邻近的一些粒间溶孔、粒内溶孔、晶间孔、晶间溶

孔。根据矿物、沥青和孔隙之间的占位关系可知,其中多数的超大溶孔在自形白云石沉淀、烃类充注之前已经形成,其后由于被大量白云石晶体沉淀充填孔隙,超大溶孔逐渐向晶间孔、晶间溶孔转变,同时局部有油滴状、薄膜状沥青等充填这些孔隙。

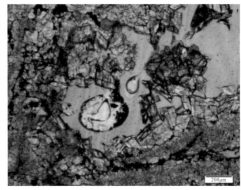

(a)菩萨1井,飞仙关组,3784.26m,超大溶孔　　(b)玉皇1井,飞仙关组,5073.72m,超大溶孔

图5-12　川东北地区飞仙关组储层超大溶孔特征

(二)裂缝类型

在碳酸盐沉积物埋藏过程中,由于上覆沉积物载荷不断增加,当碳酸盐岩受到的上覆压力作用大于临界破裂强度的情况下,碳酸盐岩就会发生破裂作用,并形成裂隙或者裂缝。川东北地区飞仙关组取心段裂缝比较发育。根据成因差别,裂缝主要可细分为两类:构造缝、压溶缝。

1. 构造缝

川东北地区总体上处于大巴山前陆盆地构造带,构造挤压应力较强,容易形成裂缝。在飞仙关组取心段岩心中,部分可见构造裂缝(裂隙)发育,可以是高角度构造缝(甚至垂直缝)[图5-13(a)]、低角度构造缝(甚至水平缝)[图5-13(b)],显示该地区飞仙关组遭受了较强的构造破裂作用。不过,一些裂缝已经被后期沉淀的亮晶方解石胶结物充填封堵,变成无效裂缝。

2. 压溶缝

在碳酸盐沉积物埋藏过程中,受上覆沉积物载荷不断增加的影响,碳酸盐沉积物除出现各种压实现象外,也会发生岩石溶蚀作用,即压溶作用。川东北地区飞仙关组碳酸盐岩中发生压溶作用后主要形成了压溶缝(缝合线)。宏观上,压溶缝主要呈现锯齿状曲线形态,同时压溶缝两侧的物质组分可以出现程度不同的溶解而呈突变接触关系[图5-14(a)]。同时,压溶缝内部往往充填有较多压溶后新生或残余的白云石、方解石、有机质、沥青或者黏土等物质,使孔隙度严重减小、渗透率大大降低,造成压溶缝对储层物性的贡献大为减弱[图5-14(b)和(c)]。

(a)赵家1井，飞仙关组，3161.57m，高角度构造缝

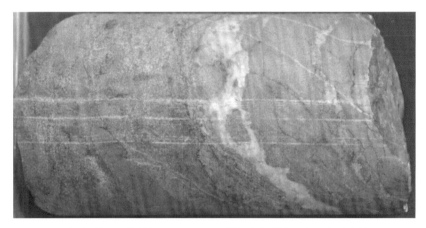

(b)赵家1井，飞仙关组，3162.85m，低角度构造缝(已被方解石充填)

图5-13　川东北地区飞仙关组储层裂缝特征

(a)赵家1井，飞仙关组，3163.98m，压溶缝

 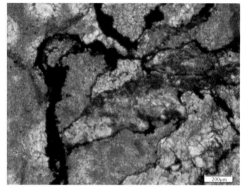

(a)菩萨2井，飞仙关组，3678.00m，压溶缝 　　(b)菩萨2井，飞仙关组，3673.00m，压溶缝

图 5-14　川东北地区飞仙关组储层压溶缝特征

第二节　储层物性特征及孔渗关系

一、物性特征

本书重点分析了川东北地区重点区块储层物性特征，具体如下。

(一)黄龙场地区储层物性特征

黄龙场地区岩心观察和 65 个样品的物性分析结果(表 5-2、表 5-3)表明，该地区最大孔隙度超过 12%，最小为 0.55%，平均值为 2.84%。其中岩心孔隙度小于 2%的样品占95.38%，渗透率大于 $0.01×10^{-3}\mu m^2$ 的样品 16 个，占 24.62%。

表 5-2　黄龙场地区储层孔隙度统计表

构造	井号	样品数/个	孔隙度大于或等于2%的样品数/个	孔隙度范围/%	孔隙度平均值/%
黄龙场	黄龙 6 井	5	3	1.94～12.50	6.56
	黄龙 8 井	60	0	0.55～1.75	1.04

表 5-3　黄龙场地区储层渗透率统计表

构造	井号	样品数/个	孔隙度大于或等于2%的样品数/个	渗透率范围/D*	渗透率平均值/D
黄龙场	黄龙 6 井	5	3	—	—
	黄龙 8 井	60	0	0.0001～0.307	0.00756

*1D=0.986923μm²。

(二)渡口河地区储层物性特征

渡口河地区岩心观察和 1381 个样品的物性分析结果(表 5-4、表 5-5)表明，该地区岩心孔隙度大于 12%的样品占 10.78%，岩心孔隙度小于 2%的样品占 13.18%，渗透率小于$0.01×10^{-3}\mu m^2$ 的样品占 29.91%，大于 $10×10^{-3}\mu m^2$ 的样品占 15.13%；孔隙度小于 12%而大于 2%，渗透率大于 $0.01×10^{-3}\mu m^2$ 而小于 $10×10^{-3}\mu m^2$ 的样品占总样品数的一半以上。渡口河地区飞仙关组储层以Ⅲ类储层为主、Ⅱ类储层为辅。

表 5-4　渡口河地区储层孔隙度统计表

构造	井号	样品数/个	孔隙度大于或等于2%的样品数/个	孔隙度范围/%	孔隙度平均值/%
渡口河	渡1井	62	28	0.46～18.28	4.45
	渡2井	138	82	0.53～16.72	4.61
	渡3井	291	227	0.35～20.23	7.21
	渡4井	286	284	0.58～25.22	7.59
	渡5井	571	551	0.42～14.05	3.18
	渡6井	33	27	1.29～11.40	4.31

表 5-5　渡口河地区储层渗透率统计表

构造	井号	样品数/个	孔隙度大于或等于2%的样品数/个	渗透率范围/D*	渗透率平均值/D
渡口河	渡1井	62	28	0～94.2	8.29
	渡2井	138	82	0～274	5.16
	渡3井	291	227	0～1123	77.02
	渡4井	286	284	0～887	55.41
	渡5井	571	551	0～52.1	1.10
	渡6井	33	27	0～16.6	1.38

*1D=0.986923μm^2。

(三)罗家寨地区储层物性特征

罗家寨地区岩心观察和 1411 个样品的物性分析结果(表 5-6、表 5-7)表明，该地区岩心孔隙度大于 12% 的样品占 11.06%，孔隙度小于 2% 的样品占 43.37%；渗透率小于 $0.01×10^{-3}\mu m^2$ 的样品占 41.67%，渗透率大于 $10×10^{-3}\mu m^2$ 的样品占 12.47%；孔隙度小于 12% 而大于 2%，渗透率大于 $0.01×10^{-3}\mu m^2$ 而小于 $10×10^{-3}\mu m^2$ 的样品也占较大比例；罗家寨地区飞仙关组储层以Ⅱ类和Ⅲ类储层为主。

表 5-6　罗家寨地区储层孔隙度统计表

构造	井号	样品数/个	孔隙度大于或等于2%的样品数/个	孔隙度范围/%	孔隙度平均值/%
罗家寨	罗家1井	297	112	0～24.96	4.427
	罗家2井	430	296	0.32～26.8	6.68
	罗家4井	22	7	0.32～4.32	1.7
	罗家5井	227	125	0.23～19.2	3.367
	罗家6井	156	62	0.63～14.66	2.13
	罗家7井	46	21	0.77～17.65	4.49
	罗家9井	233	176	0.18～18.61	4.89

表 5-7 罗家寨地区储层渗透率统计表

构造	井号	样品数/个	孔隙度大于或等于2%的样品数/个	渗透率范围/D[*]	渗透率平均值/D
罗家寨	罗家1井	297	112	0~1160	69.44
	罗家2井	430	296	0~858	29.91
	罗家4井	22	7	0~0.01	0.0036
	罗家5井	227	125	0~20.6	0.339
	罗家6井	156	62	0~7.14	0.12
	罗家7井	46	21	0~42	3.3
	罗家9井	233	176	0~300	3.53

*1D=0.986923μm²。

二、孔渗关系

综合分析认为,川东北重点地区飞仙关组岩心的孔隙度与渗透率之间具有较好的相关关系(图 5-15),即相对低孔储层的渗透率较低、相对高孔储层的渗透率较高,因而飞仙关组储层主要发育低孔-低渗型储层,但局部也可见高渗低孔的裂缝型储层。

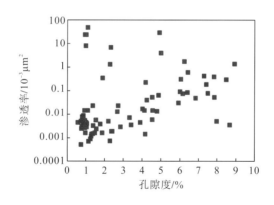

图 5-15 飞仙关组岩心孔渗关系图

第三节 储层主控因素与空间展布

一、储层主控因素

(一)沉积相对鲕滩储层分布的控制

飞仙关组沉积相与石炭系、长兴组等其他海相地层的显著不同点在于区域上槽

（盆）、台格局逐渐消失，使飞仙关组沉积相具有不断演化的特征。从飞仙关早期到晚期，沉积相带在纵横向上不断迁移，直至飞仙关末期全区基本达到均一化。沉积相对鲕滩储层发育的控制主要表现在沉积演化对鲕粒岩分布的控制以及对白云石化的控制两个方面。

其一，沉积相对鲕粒岩分布的控制：研究区位于开江—梁平海槽东侧，鲕粒岩分布广泛，沉积厚度较大，随沉积相在纵横向上的不断变化，鲕粒岩在纵横向上的分布也不断发生变化。鲕滩储层主要发育在鲕粒坝相的鲕粒白云岩及鲕粒溶孔灰岩中，其次为鲕滩相。区内旋回Ⅰ、Ⅱ是鲕粒坝（滩）发育的主要时期，作为鲕滩储层物质基础的鲕粒岩在这两个旋回内亦发育最厚。

其二，沉积演化对白云石化的控制：鲕粒岩的发育是鲕滩储层发育的物质基础。已有研究表明，混合水白云石化以及第一、二期埋藏溶蚀作用是优质鲕滩储层发育的主要地质因素。而埋藏溶蚀作用最为强烈的是那些在早期混合水白云石化环境下形成的鲕粒白云岩类，因此鲕粒岩混合水白云石化的有利地区基本可认为就是优质鲕滩储层发育的有利区。准同生期的混合水白云石化（包括蒸发白云石化）与沉积相带密切相关，在相同的气候条件下，通常具有更明显的沉积正地貌的台缘鲕粒坝（滩）体更易于发生混合水白云石化。

从目前钻井资料看，飞仙关组白云岩主要分为残余鲕粒白云岩和泥-粉晶白云岩。成岩作用研究表明，鲕粒白云岩（包括砂屑白云岩）主要为混合水白云石化成因（并叠加了后期的埋藏白云石化），而致密的泥、粉晶白云岩主要为蒸发成因（主要发生在海槽东侧台内）。不管是鲕粒白云岩还是泥、粉晶白云岩，总体上都集中呈带状分布在海槽台地边缘相带，其中又以东侧最为发育，厚度高值区主要在普光、七里北、黄龙场一带。从台缘到斜坡-海槽的方向，鲕滩发育的位置表现出抬高的特征。在斜坡和海槽相带，鲕粒岩主要发育在Ⅲ旋回以上。

（二）成岩作用对鲕滩储层发育的控制

研究区内鲕粒岩分布普遍，且累计厚度较大，但这些鲕粒岩能否形成有效的储渗体主要取决于成岩作用。其表现在两个方面：一是不同的成岩作用影响不同；二是不同的成岩阶段影响不同。区内飞仙关组鲕滩储层经历了由近地表到埋藏成岩阶段的漫长过程，成岩现象十分丰富。通过镜下观察，得到了储层所经历的主要成岩环境以及所发生的主要成岩作用（表5-8），对本区储集性能影响最大的是压实、胶结、白云石化和溶蚀作用。对储层而言前两种成岩作用是破坏性的，后两种是建设性的。

1. 破坏性的成岩作用

（1）压实、压溶作用：压实作用是碳酸盐沉积物（岩）孔隙度降低的主要成岩作用，可以使碳酸盐沉积物厚度减少一半，孔隙度减少50%～60%，大量早期的胶结物对压实作用有明显的抵抗作用。压实作用主要发生在浅埋藏环境。

表 5-8　飞仙关组储层主要成岩作用与成岩环境

成岩作用		近地表		浅埋藏	深埋藏	抬升埋藏
		海底	大陆			
胶结作用	纤柱状晶方解石	▬▬				
	粒状晶方解石		▬▬▬	▬		
	粗晶方解石			▬▬	▬	
	石膏	▬▬				
充填作用	方解石		▬▬		▬▬	┄┄
	白云石				┄┄	
	石英				┄┄	┄┄
	硫黄					┄┄
	石膏					┄┄
	沥青				▬▬	
	黄铁矿				┄┄	
压实、压溶作用				▬▬▬▬	▬▬▬	▬
去膏化作用					▬▬	
溶蚀作用				▬	▬▬	┄
白云石化作用		▬▬	▬▬	▬	┄┄	
液烃侵位					┄▬▬┄┄	
气烃侵位					┄▬▬	

压溶作用主要发生在明显压实作用之后，即在中-深埋藏环境，它可使孔隙度再减少20%~25%。压溶作用最明显的特征是形成大量缝合线，但这些缝合线大多被沥青、不溶残余物等全充填，沿缝合线可见少量溶蚀。

(2)胶结作用：主要发生在颗粒岩中，通常可见到三期方解石胶结，在海槽东侧的颗粒岩中还见到一期石膏胶结，它是储层孔隙度降低的又一主要原因。

(3)充填作用：飞仙关组储层次生溶蚀孔、洞、缝中常见的充填矿物有方解石、白云石、石英、硫黄、石膏、沥青及少量的萤石、重晶石、黄铁矿等。充填作用致使原生孔隙基本消失。

2. 建设性的成岩作用

1)白云石化作用

(1)白云石化作用的成因类型及岩石学特征。目前川东北地区所发现的储渗条件最好的碳酸盐岩储层就是白云石化的鲕粒岩经溶蚀后形成的。通过对沉积学、岩石学、地球化学的综合分析认为，飞仙关组白云石有三种成因：混合水白云石化、回流渗透白云石化和埋藏白云石化。各成因类型的白云石特征见表5-9。

表 5-9　不同成因类型的白云石特征

成因类型	沉积特征	岩石学特征	稳定同位素		微量元素/%				阴极发光	X-衍射		包裹体	
			$\delta^{18}O_{PDB}$/‰	$\delta^{13}C_{PDB}$/‰	Na_2O	SrO	MnO	FeO		有序度	碳酸钙摩尔分数	T_h	T_m
混合水白云石化	台地边缘鲕粒滩	半自形-他形、粉-细晶白云石，与早期铸模孔共生	-6.5~-3.5（平均-5.04）	0.5~2.5（平均1.6）	0.002~0.02	0.001~0.04	0.01~0.06	0.005~0.1	暗红光	≤0.9	≥50%	—	高
回流渗透白云石化	台地内潟湖及点滩	泥粉晶白云石，与石膏共生	-4~-2.5（平均-3.4）	-2.5~-0.5（平均-0.65）	0.03~0.07	0.09~0.2	0.002~0.02	0.1~0.17	不发光	≥0.9	≤50%	—	低
埋藏白云石化	台地边缘	半自形-自形中晶白云石，沿裂缝、缝合线分布或选择性交代颗粒	—	—	0.01~0.03	0.03~0.08	0.01~0.08	0.02~0.04	亮红光	—	—	>90℃	低

注: T_h、T_m 分别表示均一温度和熔融温度。

　　混合水白云石化主要见于台地边缘鲕粒坝(滩)沉积物中。由于古地形隆起和碳酸盐岩的快速加积，鲕粒坝(滩)常暴露于海平面之上，造成大气淡水与海水混合，从而产生混合水白云石化，形成的白云石多为半自形-他形、粉-细晶结构，早期铸模孔较发育，但多被粉晶粒状方解石或单晶方解石充填。这种白云石化形成的鲕粒白云岩常发育粒间孔隙和晶间孔隙，储集物性好。以氧同位素偏负，碳同位素偏正，Sr、Na、Mn、Fe 含量较低为特征。

　　回流渗透白云石化发育于台地内局限海环境。由于台地边缘鲕粒坝(滩)的局限作用以及强烈的蒸发作用，造成湖内海水盐度加大，石膏沉淀，高含 Mg 的重盐度海水向下渗透，从而产生回流渗透白云石化，形成的白云石多为泥晶结构，孔隙不发育。白云岩与石膏互层，或白云岩本身就含大量石膏，砂屑白云岩中的粒间孔多被石膏充填。以氧同位素较重，碳同位素较轻，Sr、Na、Mn、Fe 含量较高为特征。

　　对于埋藏白云石化，目前可以较为确定的是，发育于台地边缘鲕粒灰岩或白云质鲕粒灰岩中，选择性交代鲕粒或沿裂缝和缝合线分布的白云石主要为埋藏成因。埋藏白云石化作用并不强烈，未能形成白云岩，所形成的白云石呈半自形-自形，以中晶为主，少数可达粗晶级别。白云石中 Fe 含量较低，而 Mn 含量较高，含两相流体包体，均一温度一般大于90℃。需要注意的是，从白云石有序度特征看，台地边缘被早期混合水白云石化的鲕滩有相当部分可能叠加了晚期埋藏白云石化，使得鲕粒岩的白云石化十分彻底，有序度偏高。这种在早期混合水基础上叠加的埋藏白云石化对储层的发育无疑是具有积极意义的。

　　(2)与储层发育有关的白云石化作用。通过本次研究，并结合前人研究成果认为，研究区内与鲕粒白云岩类储层有关的白云石化作用主要是混合水白云石化和埋藏白云石化。从岩石学观察看，该类白云石化常形成残余鲕粒白云岩或细晶白云岩，主要分布于台地边缘，强烈交代鲕粒及其间灰泥填隙物，白云石具云雾状晶面，由这种白云石组成的白云岩常具有较发育的粒间孔隙和晶间孔隙。

　　另外，微量元素也是确定白云岩成因的一个重要地球化学标志之一(Adams and Rhodes，1960；Allan and Wiggins，1993)。通常海水和地层流体中 Sr 含量高，淡水中 Sr 含量低，白云石中低 Sr 含量常意味着混合水白云石化。Na 含量也有同样的变化规律。Fe、Mn 在海水中浓度低，但在地层水中浓度很高，白云石中高 Fe、Mn 含量意味着埋藏成因。但是，当地层水中 H_2S 浓度很高时，会造成 FeS_2 沉淀，使埋藏成因的白云石 Fe 含量降低。在局限潟湖中，海水循环不畅，海底呈还原状态，咸化海水中有高的 Fe 含量，因此在潟湖中形成的白云石可能富含 Fe(图 5-16)。

　　综上所述，飞仙关组鲕粒白云岩类储层(即优质储层)有关的白云石化作用主要是由于滩体暴露所产生的混合水白云石化及埋藏白云石化，沉积地貌高地是混合水白云石化发育的有利地区，台地边缘鲕滩体发育最厚，有利于混合水白云石化的发生。

　　2)溶蚀作用

　　溶蚀作用是飞仙关组储层形成的另一关键因素。经过薄片、岩心观察，结合扫描电镜、沉积发育史、有机质热演化史分析，飞仙关组溶蚀作用有同生期溶蚀作用和埋藏溶蚀作用两种。

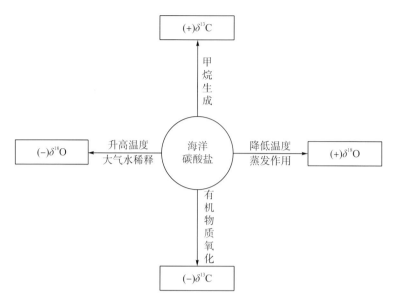

图 5-16　白云石氧、碳同位素影响因素

(1)同生期溶蚀作用：主要是选择性溶蚀颗粒，形成铸模孔隙，这些铸模孔隙的底部常见渗流粉砂，上部则被块状方解石充填，形成明显的示底构造。在野外剖面和岩心中可见到薄的岩溶角砾岩，在显微镜下则可更清楚地见到微剥蚀面及岩溶缝、洞(孔)被渗流物充填的现象。电子探针分析表明，铸模孔中的块状方解石充填物贫 K、Na、Sr，无 Fe，为大陆成岩环境充填物，成分与第一期方解石胶结物相似，该期溶蚀作用并不很强，形成的孔隙大多被块状方解石和渗流物充填而失去储渗能力(Davies，1979)。

(2)埋藏溶蚀作用：从研究区或整个四川盆地东北部地区看，飞仙关组的埋藏溶蚀作用主要有两期，它们与有机质热演化史密切相关。

第一期埋藏溶蚀作用与液态烃成熟期伴生的富含有机酸的酸性水活动有关，时间大致在三叠纪末—中侏罗世末，溶蚀孔洞中充填有少量粗晶方解石，包裹体均一温度在 86～122℃。溶孔中普遍见沥青充填物，在大的孔隙中沥青分布于孔隙边缘，小的孔隙则大多被沥青全充填，表明它们形成于沥青侵位之前，是液烃的主要储渗空间。第一期埋藏溶蚀作用的对象可能为粒间方解石胶结物，也可沿白云石晶间孔、残余原生粒间孔进行孔溶蚀扩大。

第二期埋藏溶蚀作用与液烃裂解有关，时间大致在中侏罗世以后，溶蚀孔隙充填物中含有大量气烃包裹体，均一温度在 140～180℃。第二期埋藏溶蚀孔隙中无沥青充填，表明它们形成于沥青侵位之后，是天然气藏的主要储渗空间。第二期埋藏溶蚀作用也可在第一期埋藏溶蚀作用形成孔隙的基础上扩大，形成新的孔隙。

与硫酸盐热化学还原过程中产生的 H_2S 有关的埋藏溶蚀作用在研究区内也较为明显。在温泉井构造带以西，飞仙关期台内主要为蒸发台地沉积，发育大量膏岩沉积，地层水中含大量 SO_4^{2-} 离子，在深埋、高温阶段，液烃裂解或干酪根热裂解生成的 CH_4 与 SO_4^{2-} 反应，生成大量的 H_2S。这种 H_2S 对碳酸盐岩具强烈的腐蚀作用，天然气藏中高的 H_2S 含量表明地层中确实发生过强烈的硫酸盐热化学还原反应。

根据烃源岩热演化史、构造发育情况及溶蚀孔隙分布状况总结的第一期埋藏溶蚀作用模式如图 5-17 所示。烃源岩热演化过程中形成的有机酸性水首先可能沿海槽边界断层向上运移至飞仙关组鲕滩储层中，再沿储层由台地边缘向台内做侧向运移。因此，在台地边缘溶蚀作用最为强烈，向台地内部溶蚀作用逐渐减弱。

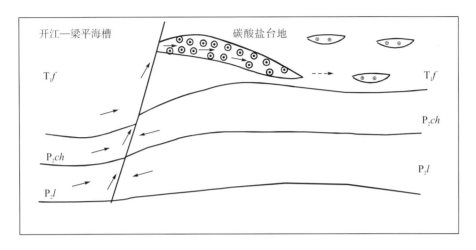

图 5-17 第一期埋藏溶蚀作用模式图

鲕粒岩混合水白云石化与埋藏溶蚀作用的配套情况是控制储层发育与否以及储层物性好坏的关键因素。成岩作用对鲕滩储层的控制作用同时也决定了在大面积鲕滩发育的基础上形成的鲕滩储层具有较强的非均质性。

另外，构造裂缝可以进一步改善储层的储渗条件，构造应力作用所产生的构造缝对于提高储层储渗性具有重要的建设性作用，尤其对形成高产气藏具有特别重要的作用。川东北地区飞仙关组沉积后，伴随印支期、燕山期和喜马拉雅期多次发生的、程度不同的构造变动，产生了一系列多期不同级别的构造裂缝。

构造裂缝对储层的改造体现在两个方面：其一，裂缝促进有机溶蚀和褶皱期溶蚀作用的进行。地层的抬升和构造裂缝的形成，促进地下水发生新的循环，伴随着油气向储层运移、聚集，导致孔隙水变成酸性，引起非选择性溶蚀作用，主要沿微裂缝、残余孔隙晶间缝隙进行，形成溶扩孔缝。因此在裂缝发育区，储层将明显获得改善。其二，孔、缝彼此匹配改善了储渗条件。孔隙与裂缝储存和渗滤油气的能力各有所长，由于微细裂缝的发育，原来孤立互不连通的孔隙进一步串通，并增大了渗滤能力，因此在裂缝发育区由于两者彼此匹配往往形成高产（Allan，1989；Aydin，2000）。

在基质孔隙度普遍偏低的情况下（大多在 3%左右），裂缝的发育对气井的储渗能力起到了重要的改善作用，进而控制了气井产能，是气井高产的主控因素之一。研究区台缘带的渡口河、罗家寨等气藏，储层孔隙度相对较高，裂缝密度相应较低，裂缝作用不明显；而台内的金珠坪等构造带，鲕滩储层孔隙度低，裂缝密度相对较高，对于储层的改造作用更为明显。

二、储层空间展布特征

(一)储层纵向分布变化规律

川东北地区储层主要发育在旋回Ⅲ、Ⅳ的鲕粒白云岩、鲕粒灰质白云岩及粉晶白云岩中，飞四段没有储层发育；其中旋回Ⅲ储层最为发育，占整个飞仙关储层厚度的 70.1%，旋回Ⅳ有一定发育，旋回Ⅱ中储层很少，仅在个别井中有发育。

1. 黄龙 9 井

黄龙 9 井位于黄龙场井区，在研究区的西侧，该井发育四种沉积环境，从上到下分别为蒸发-局限台地、开阔台地、台地边缘、陆棚相(斜坡)，该井储层发育在台地边缘相的鲕滩环境中，从层序上看，储层主要分布在旋回Ⅳ，储集岩主要为鲕粒白云岩，纵向上共发育 4 套储层，总厚度为 9.63m(图 5-18)。

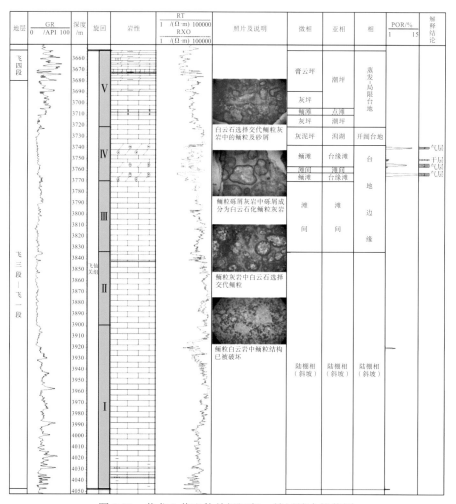

图 5-18　黄龙 9 井飞仙关组沉积、储层综合柱状图

2. 罗家 7 井

罗家 7 井位于罗家寨井区，该井飞仙关组储层主要分布在旋回Ⅲ，储集岩主要发育在鲕滩中上部的鲕粒白云岩中，针状溶孔较发育，储层总厚度为 15.2m（图 5-19）。

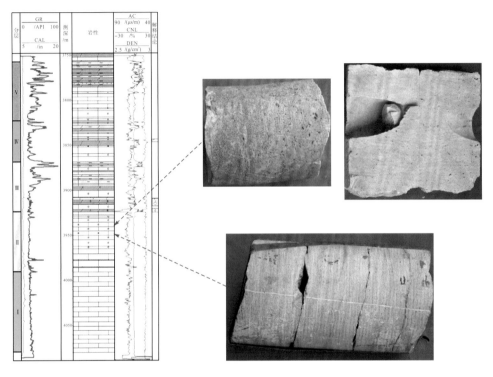

图 5-19　罗家 7 井飞仙关组沉积、储层综合柱状图

3. 天成 1 井

天成 1 井位于研究区南部，该井白云岩厚度较大，储层分布在鲕滩中上部，储集岩为鲕粒白云岩，针状溶孔较为发育，其下部鲕粒灰岩岩性较致密，物性较差（图 5-20）。从该井岩心物性分析可看出，多数样品孔隙度小于 2.5%，渗透率小于 $0.01\times10^{-3}\mu m^2$，总体属低孔-特低渗型储层。

（二）储层横向分布变化规律

根据钻井岩心描述及岩石薄片鉴定可知，飞仙关组储层在横向上出现层位和厚度同样变化很大。在川东北地区北部的露头区，飞仙关组储层飞一段、飞二段均有较厚的孔洞带发育，但区域上仍有所不同：在川东北中部地区，井下飞仙关组储层鲕粒溶孔白云岩和结晶白云岩、鲕粒灰岩由西向东发育位置逐渐向上，同时其上部泥岩（泥灰岩）从西往东逐渐减薄，储层也逐渐变差。从总体上看，川东北西侧储层层数多于东侧储层层数，西侧储层厚度总体大于东侧储层厚度。

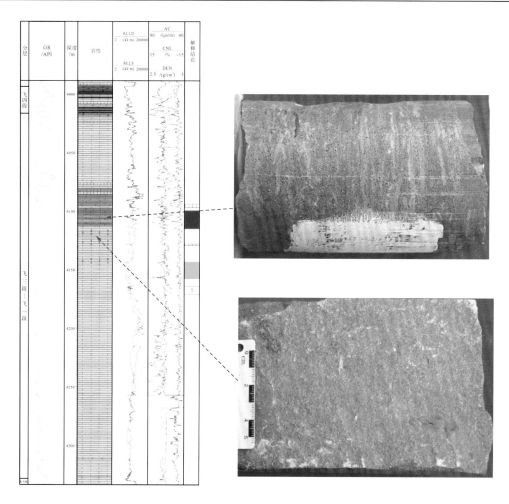

图 5-20　天成 1 井飞仙关组沉积、储层综合柱状图

第六章　飞仙关组高含硫气藏封盖特征

盖层是阻滞天然气以扩散、渗漏的方式散失的遮挡层，它是油气运、聚乃至成藏的重要条件。盖层对天然气的封堵性能既取决于各类盖层的微观结构所反映的封盖参数，又与盖层的厚度密切相关。若不考虑构造作用的破坏作用，盖层的厚度及封盖参数是决定其封盖能力的两大重要因素。

第一节　直　接　盖　层

直接盖层的封闭机理为毛管阻力的薄膜封闭，盖层孔道实际上由大小不等的毛细管所组成，盖层的最小排替压力等于烃类进入盖层中相互连通的最大孔隙喉道所需的压力。岩石中最大的连通孔隙半径越小，排替压力越大，薄膜封闭气的能力就越强，反之越弱。只要盖层、储层存在物性差异，就可封堵一定高度的气柱，且封闭的气柱高度同盖层、储层的排替压力差成正比，即排替压力差越大，封闭的气柱高度越大。

在地表条件下采用井下岩心标本所做的压汞实验数据表明，礁、滩气藏的储层与围岩之间存在极大的毛管压差，礁、滩储层的突破压力一般小于 1MPa，而飞仙关组含泥质致密灰岩的突破压力为 28.02～87.17MPa，经地下温压条件下气水界面张力校正计算，仅依靠薄膜封装，盖层可封堵的气藏高度已近千米。在气藏条件下，由于围压的存在，盖层孔喉缩小，其薄膜封堵能力进一步增加。

四川盆地东北部飞仙关组气藏的直接盖层为飞四段泥岩夹泥灰岩、石膏岩及白云质页岩，石膏岩因其岩性致密、可塑性强，对油气具有极强的封闭能力。据四川盆地现有的油气勘探经验，石膏岩厚度大于 4m，就可作为工业性气藏的可靠遮挡层。研究区封盖性较好的泥质岩(含石膏岩)的厚度一般为 10～20m，区域上飞四段岩性及厚度横向分布稳定，盐井地区可达 30m(图 6-1)。该带以外地区泥质岩及石膏岩的厚度多为 10～20m，它们构成了对鲕滩储层的侧向及垂向封堵。已获储量的渡口河、铁山坡等气藏，其直接盖层的厚度也为 10～20m，由此进一步可见，研究区直接盖层的封盖能力是不成问题的。

第二节　间　接　盖　层

四川盆地东北部飞仙关组高含硫气藏纵向上有效遮挡的区域性间接盖层主要是中下三叠统的膏盐岩(硬石膏岩和石盐岩)、石灰岩及泥质岩，尤其是嘉陵江组的膏盐岩层，具

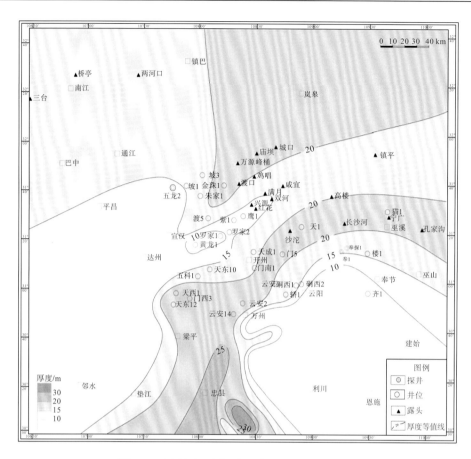

图 6-1   飞四段泥页岩(含石膏岩)厚度等值线图

有良好的封盖性,是飞仙关组气藏的有效间接盖层。川东北地区膏盐岩十分发育,主要发育于中三叠统雷口坡组及下三叠统嘉陵江组,在下三叠统飞仙关组四段也有少量发育。在三叠系膏盐岩层中,尤以下三叠统嘉陵江组四段最重要,具有总厚度大、单层厚度大、硬石膏岩及石盐岩厚度稳定、对比性好、连续性好的特点。其次是嘉二段,虽厚度及单层厚度不如嘉四段,但同样具有层位稳定、对比性好、连续性好的特点。中三叠统雷口坡组也是一个重要的膏盐岩发育层段,虽总厚度较大,但较分散,因而层数多,单层厚度小,横向可对比性相对较差。中下三叠统的膏盐岩系厚度一般为 100~300m(图 6-2),尤其是嘉二段的硬石膏岩层(40~60m)横向分布稳定,在未遭受剥蚀的情况下,往往存在嘉一段气藏、飞仙关组气藏及长兴组气藏,表明其区域封盖能力强。

本书以通南巴地区和达川—宣汉地区为实例对比统计了膏盐岩分布特征。

(一)通南巴地区膏盐岩分布

中三叠统雷口坡组膏盐岩在通南巴地区主要发育于雷一段至雷三段,雷四段由于印支运动末期的区域倾斜抬升,受一定程度的剥蚀,在西南段的川巴 88 井见 137.0m,而在涪阳坝一带的川涪 82 井仅见 7.0m。本组以白云岩、灰岩与硬石膏岩频繁间互为特点。

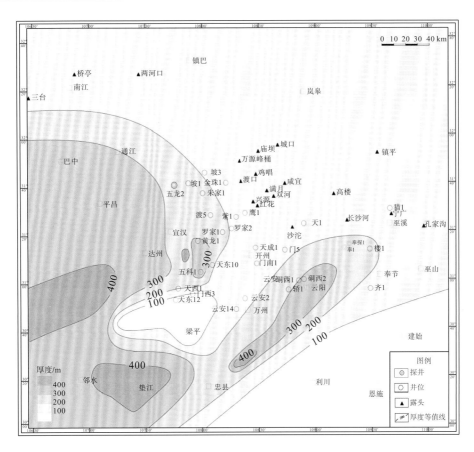

图 6-2 中下三叠统膏盐岩厚度等值线图

硬石膏岩在各段均有发育，但较集中发育于雷一^{1}段、雷一^{3}段，横向稳定、连续，对比性较好，其余各段横向变化较大，连续性与对比性较差。雷口坡组厚 509~803m，其中硬石膏岩以川巴 88 井最厚，达 180.5m，川涪 82 井较薄，为 66m，分别占地层厚度的22.4%及12.9%。本组硬石膏岩具有层数多、单层厚度薄的特点，如川巴 88 井计有 42 层，川涪 82 井为 39 层，单层厚度多在一米至数米，川涪 82 井单层厚度最大仅 6m，川巴 88 井单层厚度为 14m。嘉陵江组是本区主要的膏盐岩发育层段。嘉五段在川巴 88 井全为硬石膏岩及杂卤石岩，中下部夹薄层石盐层，膏盐岩连续分布厚度达 83m（占地层厚度的100%）。在涪阳坝一带的川涪 82 井嘉五段两分明显，下部（嘉五^{1}段）主要为白云岩及砂屑灰岩，仅夹薄层硬石膏岩，而上部（嘉五^{2}段）则全为连续分布的硬石膏岩、石盐岩，顶部夹薄层杂卤石岩，厚度达 60.5m。嘉四段是区域上最重要的膏盐岩发育层段。川巴 88 井上、下两分明显，上部（嘉四^{2}段）厚 73.0m，为硬石膏夹白云岩，其中硬石膏岩层厚 56m（占地层厚度的76.7%），单层厚度最大 18.5m。往北东至涪阳坝一带，嘉四段增厚至 142m，除夹一薄层白云岩外，全为连续分布的硬石膏岩及石盐岩层，连续分布厚度分别达 52m及 85m。嘉三段主要为灰岩夹白云岩，仅于中部见 3~9m 厚的硬石膏岩（仅占地层厚度的2%~5%）。嘉二段由白云岩-硬石膏岩组成，可分为三个旋回（分别为嘉二^1、嘉二^{2}及嘉二^{3}段），在每一旋回上部发育硬石膏岩。嘉二段硬石膏岩层累计厚度在川巴 88 井为 93.5m，川涪 82 井为 81.5m（表 6-1）。整体而言，雷口坡组—嘉陵江组的膏盐岩层是一套良好的间接盖层，硬石膏岩和石盐岩主要集中在 T_2l^2—T_1j^4 及 T_1j^2 上部，膏盐岩厚 370～380m，加上杂卤石岩共厚 380～420m。

表 6-1　通南巴地区膏盐岩、杂卤石岩厚度统计表　　　　　（单位：m）

井号	岩类	T_2l^4	T_2l^3	T_2l^2	T_2l^1—T_1j^5	T_1j^4	T_1j^3	T_1j^2	合计	累计
川涪 82 井	硬石膏岩	—	4	40	65	90	9	81.5	289.5	377
	石盐岩	—	—	—	21.5	58	—		79.5	
	杂卤石岩	—	—	—	8	—	—		8	
川巴 88 井	硬石膏岩	19.5	46.5	69	91	54	3	93.5	376.5	419
	石盐岩	—	—	—	3.5	1.5	—		5	
	杂卤石岩	—	—	—	37.5	—	—		37.5	

纵观本区嘉陵江组膏盐岩的分布，具有层位极为稳定，对比性好、连续性好、剖面上连续发育厚度大的特点，巨厚的膏盐层无疑是研究区内极好的区域性盖层，对天然气的保存极为有利。

（二）宣汉—达川地区膏盐岩分布

宣汉—达川地区位于开江古隆起边缘，由于印支运动影响有较大程度的抬升，雷口坡组在本区缺失雷四段，在西南部其至缺失雷三段及雷二段（如双石 1 井、雷西 2 井及雷西 1 井）。雷口坡组中各层段主要为灰岩、白云岩与膏盐岩呈多旋回的频繁互层。各层段虽均不同程度地发育硬石膏岩，累计总厚度较大，但以层数多，单层厚度小，纵向上连续性差、横向变化大、对比性较差为特点。本区雷口坡组硬石膏岩层以川 64 井、川付 85 井、川岳 83 井、川岳 84 井一带发育最厚，均在 100m 以上，该线以西则厚度逐渐减薄，在 60～100m。川 64 井雷二段中硬石膏岩最大单层厚度为 11.5m，双石 1 井为 14m，其余单层厚度多在一米到数米。

嘉五段以灰岩、白云岩为主，或不同程度地夹硬石膏岩，地层厚度自北向南增厚，以川岳 83 井、川岳 84 井一带最薄（33～36m），到双石庙构造及雷西构造一带则增厚到 155～217m。北部除川付 85 井夹较多硬石膏岩层（16.8m）外，其余钻井或夹极少硬石膏层（如川 25 井、川岳 83 井、川岳 84 井均厚仅 2～3.5m），或无硬石膏岩层（如川 64 井），硬石膏岩层在地层中所占比例亦小。南部双石 1 井至雷西 1 井一带地层较厚，其中所夹硬石膏岩层亦较多，厚度为 42～63m（占地层厚度的 20.5%～35.7%）。硬石膏岩层仅在局部地段对比性较好（如双石庙—雷西、付家山—东岳寨），南北间的对比性较差。宣汉—达川地区膏盐岩已钻井累计厚度为 189.0～855.5m（表 6-2），同样是研究区内极好的区域性盖层，因此在宣汉—达川地区盖层条件不会制约天然气的聚集成藏。

表 6-2　宣汉—达川地区膏盐岩厚度统计表　　　　　　　　（单位：m）

统计项	坡 1 井	川 64 井	川付 85 井	川岳 83 井	川岳 84 井	川 25 井	双石 1 井	七里 23 井	川 26 井	雷西 1 井	雷西 2 井	渡 4 井
T_2l 膏盐岩	69.0	125.0	158.0	115.0	115.0	73.0	244.0	57.0	261.0	64.0	63.0	62.0
T_1j 膏盐岩	127.0	134.0	248.5	236.0	82.0	158.0	410.5	292.0	594.5	320.0	126.0	263.5
硬石膏岩	172.5	239.5	358.0	330.5	197.0	225.0	654.5	246.5	648.0	364.0	162.0	257.0
石盐岩	23.5	19.5	48.5	20.5	0	6	0	102.5	207.5	20.0	27.0	68.5
累计	196.0	259.0	406.5	351.0	197.0	231.0	654.5	349.0	855.5	384.0	189.0	325.5

第七章 飞仙关组高含硫气藏流体性质特征

第一节 气藏流体组分特征

四川盆地川东北地区飞仙关组探井测试的 100 多个气样分析结果表明，飞仙关组气藏天然气中烃类气体均占 70%以上，整体而言，以甲烷为主，C_{2+}重烃很少，含量均低于 1%，相应的干燥系数大多大于 0.95，高者近于 1.0，表明了高热演化程度，在类型上属干气。这些天然气化学成分组成的典型特点是非烃气体含量高，主要为二氧化碳和硫化氢，两者的平均含量分别为 5.32%和 11.95%。天然气中氮气的平均含量为 2.74%。由于非烃气体丰富，因而天然气的密度较高，其平均值达 0.7229kg/m³。本书集中对比研究了铁山坡、七里北、毛坝、大湾、普光等高含硫区块长兴组—飞仙关组气藏的流体性质。从含气性和地层水性质对比分析结果看，铁山坡、七里北、毛坝、大湾、普光地区各井长兴组—飞仙关组气藏天然气组分相似，均属于以甲烷为主的干气类型，并且均为高含硫、中含二氧化碳气藏。水型以硫酸钠型和碳酸氢钠型为主，地层水矿化度介于 23～92g/L（表 7-1，图 7-1）。

表 7-1 川东北地区长兴组—飞仙关组含气性和地层水性质汇总表

井号	深度/m	层位	甲烷含量/%	硫化氢含量/%	二氧化碳含量/%	水型	矿化度/(g/L)
七北 101 井	5050	长兴组	86.45	10	3	碳酸氢钠型	44
七里北 2 井	5422	长兴组	85.07	9	5		
七北 102 井	5793	飞仙关组	81.01	10.14	8.49	硫酸钠型	23
七里北 1 井	5806	飞仙关组	80.83	12	7	硫酸钠型	85
坡 1 井	3430	飞仙关组	78	14	6	硫酸钠型	29
坡 2 井	4092	飞仙关组	79	15	6		
坡 4 井	3378	飞仙关组	77	14	8	碳酸氢钠型	51
坡 5 井	3900	飞仙关组	78	14	5		
毛坝 1 井	4330	飞仙关组	90				
毛坝 2 井	4130	飞仙关组	83	10	6		
毛坝 3 井	4620	长兴组	75	16	8		
大湾 1 井	5350	飞仙关组	72	12	11		
大湾 2 井	4350	飞仙关组	78	12	9		
普光 2 井	4800	飞仙关组	77	15	8		

续表

井号	深度/m	层位	甲烷含量/%	硫化氢含量/%	二氧化碳含量/%	水型	矿化度/(g/L)
普光2井	5250	长兴组	75	16	9		
普光5井	4850	飞仙关组	75	11	13	氯化钠型	92
普光5井	5200	长兴组	72	14	14		
普光6井	5100	飞仙关组	77	14	8		
普光6井	5350	长兴组	76	15	9	碳酸氢钠型	41

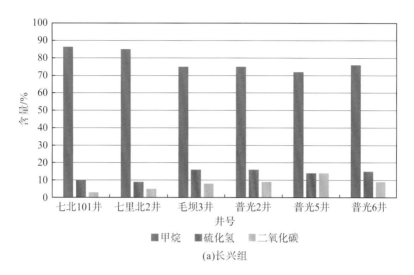

(a)长兴组

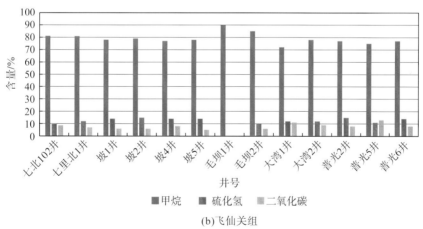

(b)飞仙关组

图7-1　川东北地区长兴组—飞仙关组气体性质对比图

第二节　气藏温压场特征

沉积盆地实际上是一个低温热化学反应器，盆地内油气的聚集本质上是由温度、压力和有效受热时间控制的化学动力学与流体运动学过程，油气的生成、运移、聚集乃至散失和破坏等各个环节,都是在一定的温压条件下进行的,同时也包括一定温压环境作用下埋藏白云石化所需热卤水的流动机制与流动样式。近十几年来,随着勘探开发的深入及石油地质科学的不断发展,人们越来越深切地认识到地下温压环境对油气/流体成藏机制的重要控制作用。

一、温度场特征

川东北地区地表年平均温度为 17℃。统计研究区各构造带长兴组—飞仙关组气藏实测地温资料,绘制了研究区实测地温梯度剖面图(图 7-2),其中飞仙关组和长兴组地温梯度比较接近,平均值为 2.4℃/100m,这与川东北地区平均地温梯度 2.25℃/100m 基本相近,总体为偏低的特征,说明铁山坡、普光、七里北、渡口河、黄龙场等区块气藏均属于低地温异常系统。现今较低的地温背景主要是受喜马拉雅期区域性构造抬升作用影响所致。

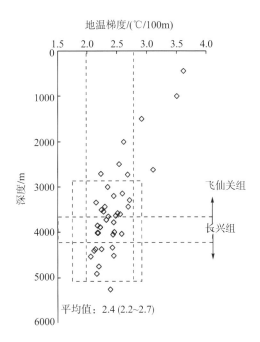

图 7-2   川东北地区实测地温梯度剖面图

全面认识盆地的地温场特征不仅可为揭示盆地形成演化的地球动力学过程提供重要依据,而且也是烃源岩及油气藏演化分析的基础。由于现今地温是盆地古地温演化的最终结果,是进行盆地热历史反演和古地温研究的基本约束条件,因此现今地温场分布特征的研究是进行盆地热史恢复的基础。统计黄龙场及邻近构造带飞仙关组和长兴组气藏实测地温资料(75 个测试点),表明研究区现今地温梯度与川东北各地区相近,总体偏低,平均值为 2.43℃/100m,为古地温模拟计算提供了初始参考条件。

在统计现今地温梯度的基础上,本书运用 IES(Integred Exploration Systems)软件正演模拟和包裹体均一温度反演计算相印证的方法恢复了研究区志留纪以来的古地温演化历史。IES 盆地模拟主要涉及地层厚度、地层岩性、地层时代、剥蚀厚度、剥蚀作用时间、古地表温度、古水深、古热流值、断裂活动历史、烃源岩厚度、烃源岩有机质丰度等参数，本书运用最新勘探成果及测试分析数据对上述参数进行了合理性分析，力求结果真实可靠；包裹体均一温度可以反演油气充注时间及充注期的古埋深，经过压力校正后即可求得相应充注期地层的地温梯度和古热流值。

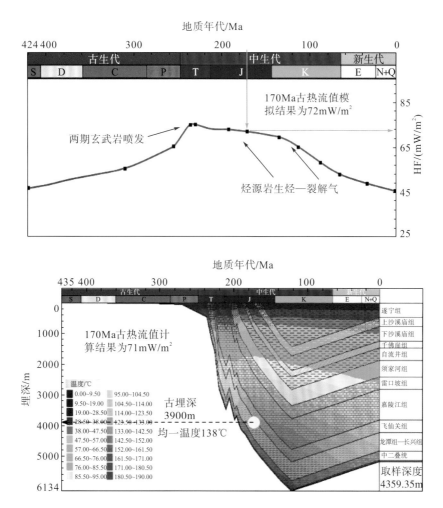

图 7-3　黄龙场构造带黄龙 5 井温度演化历史

　　黄龙 5 井长兴组储层包裹体压力校正后均一温度［校正压力梯度为 0.1kg/(cm^2·m)］为 138℃时（充注期为 170Ma），对应的古埋深为 3900m，计算的古地温梯度为 3.54℃/100m，岩石热导率取 2.0W/(m·℃)，求得古热流(HF)值为 71mW/m^2。而运用 IES 软件模拟黄龙 5 井单点埋深在 170Ma 时古热流值为 72mW/m^2，两种方法吻合较好，所以认为模拟曲线形态基本可靠。从模拟曲线形态可知，黄龙场构造带从志留纪以来地层温度经历了升高—持续高值—缓慢降低的演化过程，高值(70~76mW/m^2)出现在早三叠世—中侏罗世(图 7-3)。分析原因，应该与峨眉山玄武岩两期/幕喷发及侏罗纪烃源岩生烃增热、裂解气体积膨胀升压增热有关，后期热流值降低应与喜马拉雅期地层抬升剥蚀有关。对油气/流体成藏有意义的是，三叠纪早期较高的热流值有利于促进龙潭组烃源岩生排烃演化，后期持续的高热流值对埋藏白云石化热卤水形成条件更为有利。

二、压力场特征

异常地层压力是沉积盆地中的常见现象。大量的油气勘探与开发实践充分表明，压力是油气排出、运移和聚集的重要动力，且超压与油气生成、保存及成岩-成矿、流体流动密切相关(郝芳等，2005)。研究异常流体压力的分布、成因机制及其对油气成藏的控制作用已成为当今一系列石油地质理论问题的生长点，并且对油气勘探实践和钻探安全也具有很强的指导意义。通过实测地层压力计算，并参考各区块已有的气柱方程，研究结果表明，研究区各构造带飞仙关组气藏现今压力系数存在一定差异性，压力系数主要介于 1.09～1.70(图 7-4)，表明川东北地区飞仙关组高含硫气藏存在常压气藏、压力过渡带气藏、超压气藏等多种类型。研究区黄龙场、毛坝构造带飞仙关组气藏现今压力系数较大(平均为1.41)，属于超压气藏，且裂缝型储层比溶孔型储层的压力系数普遍更高(最高值达 1.70)。另外，通过川东北地区飞仙关组现有实测地层压力资料，勾画出压力系数平面展布图(图 7-5)，表明川东北地区飞仙关组压力系数具有明显的分区性：研究区普光、七里北、渡口河和罗家寨构造带现今地层基本为常压系统，压力系数为 1.0～1.2；研究区毛坝构造带处于强超压区，压力系数在 1.6 以上；研究区黄龙场、铁山坡构造带处于压力过渡带区，压力系数为 1.2～1.6。

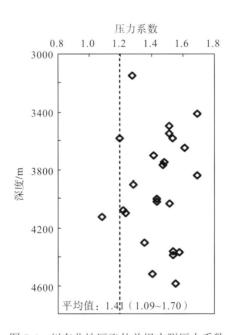

图 7-4　川东北地区飞仙关组实测压力系数

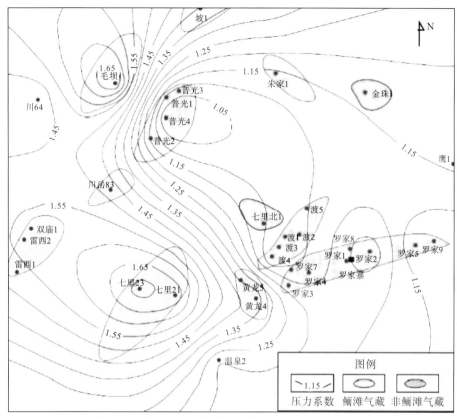

图 7-5　川东北地区飞仙关组气藏现今压力系数等值线图

　　如同关心古地温一样，对勘探研究更为有意义的是古压力的演化及其成因机制分析，尤其是油气/古流体流动期的压力状态、压力展布及其成藏效应探讨方面。恢复古压力的方法很多，本书采用模拟演化与流体包裹体 PVTsim 软件计算相结合的方法对黄龙场构造带压力演化历史进行了恢复研究。单井模拟结果显示从 200Ma 以来，地层压力呈现急剧升高—缓慢降低的演化过程(图 7-6)，其中压力高峰值出现在中晚燕山期(160～100Ma)。综合分析认为，燕山运动构造挤压应力增强和中晚燕山期油裂解成气为主要的增压机制：燕山运动时期来自北面米苍山、大巴山的应力使得研究区产生较为强烈的挤压变形，部分地应力传递给孔隙流体，同不均衡压实引起超压一样，由于流体排放不畅，应力增加引起孔隙体积缩小的过程受阻，从而使流体承受了部分挤压应力，形成超压；原油裂解成气过程会产生剧烈的体积膨胀，模拟实验表明，在标准温压条件下，单位体积的标准原油可裂解产生 534.3 体积的气体，同时理论计算也表明，在理想封闭系统内，1%体积的原油裂解成气就可能使储层压力达到静岩压力。因此，有理由认为发生在早白垩世的古超压与飞仙关组储层古油藏原油裂解事件密切相关。而喜马拉雅期压力缓慢降低的演化过程应与地层抬升、储层反弹体积增大和流体释放压力卸载有关。研究区燕山期超压发育与油气充注期有较好的耦合关系，超压发育有利于形成或重新开启(微)裂缝，为油气运移提供了裂缝型输导通道，同时，油气充注期发育的超压是油气运移的主要驱动力，对油气/流体(包括热卤水)流动样式和运聚方向都有重要的控制作用。

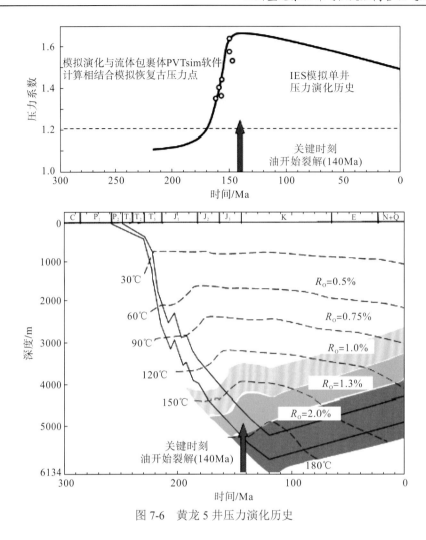

图 7-6   黄龙 5 井压力演化历史

第三节   气藏油气充注历史

　　油气勘探地质评价的目标是更为客观地认识油气藏的形成与分布规律,油气充注期次和成藏历史属于成藏年代学范畴,是成藏动力学研究的一个核心问题。到目前为止,最为有效的方法是利用流体包裹体系统分析技术,通过成岩矿物中流体包裹体特征描述与均一温度测定,结合精确的单井埋藏史图进行油气充注时间的判定和油气成藏过程分析。国内外众多学者均应用该方法对多个沉积盆地的成藏历史进行了研究,取得了较好的效果(池国祥等, 2003;卢焕章等, 2004)。

　　利用流体包裹体系统分析技术进行成藏历史的研究不仅需要准确测试流体包裹体的均一温度,更为重要的是要准确判断流体包裹体的类型、宿主矿物的成岩序列,以及不同类型、不同产状包裹体所代表的地质内涵。对于单旋回演化的盆地而言,用流体包裹体方法确定成藏期操作过程比较简单,但对于经历了高温演化的多旋回盆地(如四川盆地)来说，流体包裹体无论是产状、类型还是它们所代表的地质内涵均被强烈地复杂化，给研究工作带来了一定难度。

四川盆地川东北地区飞仙关组高含硫储层在经历了高温演化后，前期充注于储层的原油均已裂解，形成了具有一定规模的裂解气藏。成油期捕获的油包裹体大部分在高温下发生了裂解或泄漏，形成了沥青包裹体，只有少量油包裹体可以保存至今，但气液两相的油包裹体依然少见，这无疑给准确判断油的成藏期带来了困难。本书采用沥青包裹体来代替油包裹体的办法，测试与沥青包裹体相伴生的盐水包裹体的均一温度，并以此作为油成藏时的储层温度。由于沥青包裹体是油包裹体经高温裂解或发生泄漏而形成的，因此这种方法在理论和操作上均是可行的。虽然目前无法从沥青包裹体本身区分它们的形成期次，但通过测试与其共生的盐水包裹体的均一温度依然可以判断油包裹体的形成期次，并以此推断油成藏期。

(一)包裹体类型及特征

通过大量样品的观测，在普光气田不同储层中发现了 5 种不同类型的包裹体：①盐水两相包裹体；②含溶解烃+盐水两相包裹体；③纯天然气单一气相包裹体；④富气态烃两相包裹体；⑤固相沥青包裹体。有机流体包裹体以含溶解烃＋盐水两相包裹体、富气态烃两相包裹体、纯天然气单一气相包裹体为主。

代表油充注的包裹体类型主要为油包裹体和沥青包裹体，其特征如下。

1. 油包裹体

油包裹体是油气充注最可靠的证据之一，油包裹体的存在能有效地反映出储层发生的油充注历史以及充注强度。荧光观测结果表明，本区可能主要存在两种类型的油包裹体。第一种赋存于充填礁云岩溶洞溶孔的方解石晶体中，呈黄色荧光，荧光强度较弱，且多数油包裹体呈单一液相(图 7-7)。第二种赋存于鲕粒白云岩的方解石胶结物微裂纹中，发蓝白色荧光，荧光强度较大(图 7-8)。总体上油包裹体少见，推测是由于飞仙关组储层经历了较高的地温演化，成岩矿物里捕获的油包裹体在高温下 C—C 键发生断裂，大分子化合物向小分子化合物转化，致使原油遭到破坏，此过程具有不可逆性，因此现今在室温下很难观测到原油包裹体。

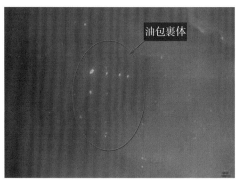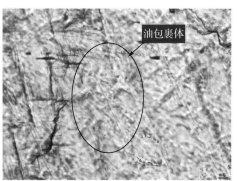

(a)普光6井，飞一段，5238.93~5248.33m，灰色礁云岩溶洞中方解石晶体见大量发黄色
荧光油包裹体（荧光×40）

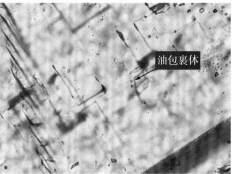

(b)普光6井，XD-B-06，飞一段，5246.3m，灰-浅灰色礁云岩中溶孔充填方解石晶体见发黄色
荧光油包裹体（荧光×40）

图 7-7　普光气田飞仙关组发黄色荧光油包裹体(据中国石油化工股份
有限公司勘探分公司 2007 年内部报告)

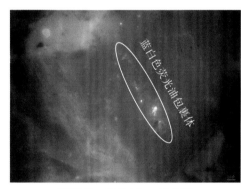

普光2井，4969.10m，飞二段

图 7-8　鲕粒白云岩方解石胶结物微裂缝中蓝白色荧光油包裹体

2. 沥青包裹体

沥青包裹体由油包裹体演化而来，当油包裹体经历较高温度后，重烃发生裂解，导致包裹体内压力增大并最终爆裂，其中的轻烃部分逸散而沥青残留，从而形成了沥青包裹体。通过镜下观察，认为普光气田和毛坝气田飞仙关组储层中沥青包裹体可分为如下三种类型(图 7-9)。

Ⅰ型：油包裹体经高温裂解或局部强应力场后遭到完全破坏，油包裹体中液相油发生泄漏，可见光下该类型包裹体为不规则形状黑色固体沥青，包裹体边界模糊，荧光照射下发微弱白色荧光，有时白色荧光较强。

Ⅱ型：油包裹体中液相部分经高温演化后部分裂解，但包裹体未曾破坏，依然保持原有形状和原有体积；可见光下该类型包裹体边界清晰，部分透明，荧光照射下发微弱白色荧光。

Ⅲ型：油包裹体中液相部分已完全裂解成天然气，包裹体未发生泄漏保持原有形态；可见光下该类型包裹体为黑色椭圆形，发微弱白色荧光。

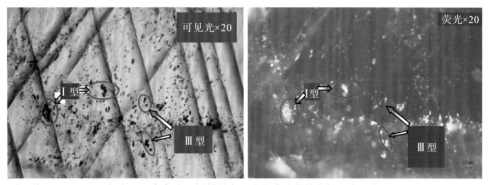

(a)毛坝3井，4328.34m，长兴组，灰色含生屑粉晶白云岩的溶孔充填方解石中见大量Ⅰ型、Ⅲ型沥青包裹体

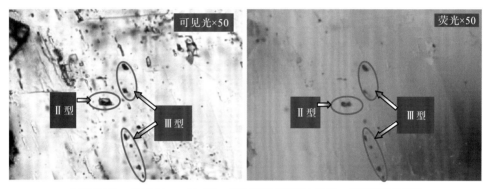

(b)普光2井，4888.09m，飞二段，溶孔充填方解石中Ⅱ型、Ⅲ型沥青包裹体

图 7-9 沥青包裹体类型示意图(据中国石油化工股份有限公司勘探分公司 2007 年内部报告)

(二)单井埋藏史

精确恢复单井埋藏史,对研究油气成藏时间的精度具有重要影响,而埋藏史涉及构造、沉积演化历史、古地温场演化历史以及油气生排烃历史等多个方面,在综合考虑各影响因素的同时,也在一定程度上增加了埋藏史研究的不确定性。针对川东北地区多旋回演化的特点,在前人构造演化、沉积演化研究的基础上(罗志立等,2000),采用最新的剥蚀量计算数据和盆地热史研究成果以及详细的录井岩性资料,运用 IES 软件(PetroMod 1D 模块),对普光 1~11 井,毛坝 1~3 井进行了埋藏史恢复。每一口钻井均用现今实测地层温度进行检验,结果如图 7-10 所示。

在埋藏史恢复过程中,每一个地层单元均以岩屑和岩心录井资料为依据,按照不同岩性所占比例进行赋值,重新建立各地层单元的岩性数据库,使盆地模拟结果更逼近客观实际。

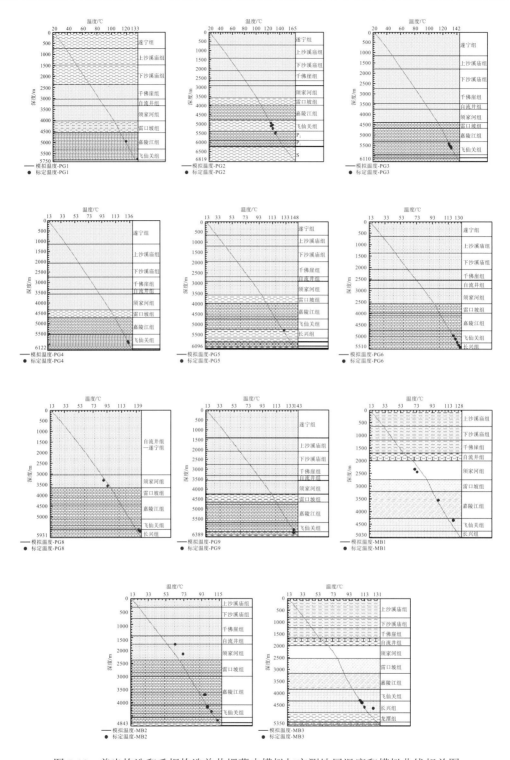

图 7-10　普光构造和毛坝构造单井埋藏史模拟与实测地层温度和模拟曲线相关图

（据中国石油化工股份有限公司勘探分公司 2007 年内部报告修改）

（三）油成藏期次和时间

对普光构造和毛坝构造 7 口钻井，共 52 块流体包裹体进行了系统分析，分析项目包括有机包裹体荧光观测、显微测温、测盐、气液比测试以及包裹体类型和成分分析。

研究表明，普光构造和毛坝构造在 7 口井 13 块流体包裹体样品中均检测到与沥青包裹体伴生的盐水包裹体，如上所述，这些盐水包裹体可以用来研究该区油的充注历史（表 7-2）。

表 7-2　流体包裹体分期数据表（据中国石油化工股份有限公司勘探分公司 2007 年内部报告）

序号	井号	深度/m	层位	与沥青包裹体伴生的盐水包裹体均一温度范围与平均值/℃		成藏时间/Ma	
				Th1	Th2	Th1	Th2
1	普光 1 井	5426.35	飞二段	93.2～93.5/ 93.4	110.5～117.3/114.8	198～196	185～182
2	普光 2 井	4775.19～4784.48	飞三段	109～115.7/112.6	131.7	181～179	170
3	普光 2 井	4888.09	飞二段	100.7～109.2/106.1	125.5～128.7/127.3	189～181	176～171
4	普光 5 井	5055.10	飞一段	—	122.3～123.5/122.9	—	177～176
5	普光 5 井	5057.10	飞一段	115.5～117.9/116.4	—	183～180	—
6	普光 5 井	5162.00	长兴组	—	123.2～125.1/124.2	—	182～180
7	普光 5 井	5189.60	长兴组	110.7～112.5/111.6	—	187～185	—
8	普光 7 井	5615.40	飞二段	93.9～95.7/94.8	119.2～121.5/120.4	192～190	183～181
9	普光 8 井	5507.10	长兴组	101.7～108.9/105.3	119.3～125.5/122.6	197～191	187～184
10	普光 9 井	6117.30	长兴组	100.5～102.7/101.6		198～196	
11	毛坝 3 井	3883.10	飞四段	80.7～82.5/81.6	111.9～112.7/112.3	195～192	183～181
12	毛坝 3 井	4340.25	长兴组	89.7～90.7/90.3	110.7～113.1/112.1	196～194	188～187
13	毛坝 3 井	4414.44	长兴组	100.7～102.7/101.6	118.5～120.7/119.3	192～190	188～185

将各期与油、气包裹体相伴生的同期盐水包裹体的均一温度作为其捕获时的最小古温度，"投影"到附有古地温演化的埋藏史图中，便可间接确定各期油气的成藏时期。结果如下。

（1）普光 1 井飞仙关组至少发生过两期油充注，第一期时间为 198～196Ma，大致对应晚三叠世（相当于印支运动晚期），第二期时间为 185～182Ma，大致对应早侏罗世（相当于燕山运动早期）。

（2）普光 2 井下三叠统飞仙关组海相碳酸盐岩储层至少发生过两期油成藏，第一期发生于 189～179Ma，对应晚三叠世—早侏罗世（相当于印支运动晚期—燕山运动早期）；第二期发生于 176～170Ma，对应早侏罗世。第二期油成藏期因温度较高，可能主要为凝析油成藏期。

（3）普光 5 井飞仙关组至少发生过两期油充注，第一期时间为 183～180Ma，大致对应晚三叠世—早侏罗世(相当于印支运动晚期—燕山运动早期),第二期时间为177~176Ma,对应早侏罗世;第二期油成藏期因温度较高,可能主要为凝析油成藏期。

(4)普光5井长兴组至少发生过两期油充注,第一期时间为187~185Ma,大致对应晚三叠世—早侏罗世(相当于印支运动晚期—燕山运动早期),第二期时间为182~180Ma,对应早侏罗世。

(5)普光7井飞仙关组至少发生过两期油充注,第一期时间为192~190Ma,大致对应晚三叠世—早侏罗世(相当于印支运动晚期—燕山运动早期),第二期时间为183~181Ma,大致对应早侏罗世(相当于燕山运动早期)。

(6)普光8井长兴组至少发生过两期油充注,第一期时间为197~191Ma,大致对应晚三叠世(相当于印支运动晚期),第二期时间为187~184Ma,大致对应早侏罗世(相当于燕山运动早期)。

(7)普光9井长兴组至少发生过一期油充注,时间为198~196Ma,大致对应晚三叠世(相当于印支运动晚期)。

(8)毛坝3井飞仙关组至少发生过两期油充注,第一期时间为195~192Ma,大致对应晚三叠世(相当于印支运动晚期),第二期时间为183~181Ma,大致对应早侏罗世(相当于燕山运动早期)。

(9)毛坝3井长兴组至少发生过两期油充注,第一期时间为196~190Ma,大致对应晚三叠世—早侏罗世(相当于印支运动晚期—燕山运动早期),第二期时间为188~185Ma,大致对应早侏罗世(相当于燕山运动早期)。

本书仅以普光1井和普光2井飞仙关组油成藏期次的确定为例,说明油成藏期次的确定方法(图7-11、图7-12)。

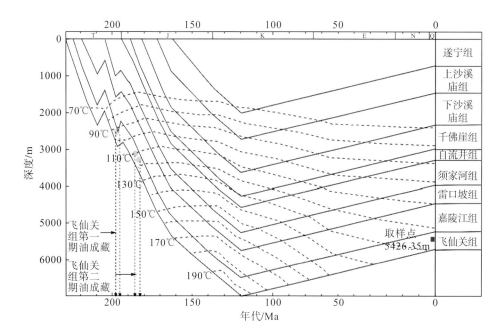

图 7-11　普光 1 井飞仙关组油成藏期次和成藏时间

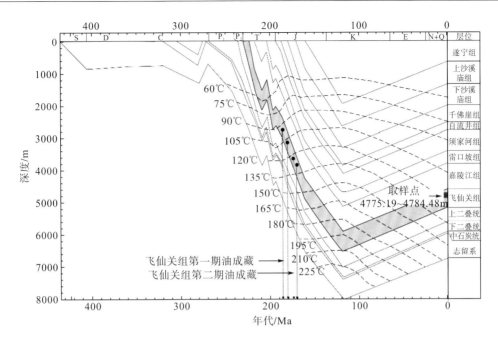

图 7-12　普光 2 井飞仙关组油成藏期次和成藏时间

　　综上所述，普光构造和毛坝构造飞仙关组高含硫储层至少发生过两期油充注，第一期发生于晚三叠世—早侏罗世(对应印支运动晚期—燕山运动早期)，第二期发生于中侏罗世(对应燕山运动中晚期)，另外，还存在原油裂解成天然气的后期充注/调整过程。

第八章 飞仙关组高含硫气藏成藏模式与圈闭评价

第一节 气藏特征与成藏模式

一、典型气藏特征

(一)渡口河构造飞仙关组鲕滩高含硫气藏

渡口河构造位于宣汉境内、五宝场拗陷西南，区域构造位置处于川东断褶带北部边缘的大巴山北西向褶皱带与川东北东向褶皱带交汇处。南侧隔一浅鞍与黄龙场构造相接；东南方隔一斜鞍与罗家寨气田相邻；西侧以渡①号断层为界进入五宝场拗陷中心的深埋藏区，相邻构造分别有东升、杨家坪、七里北等。

渡口河气田是川东北最早发现的飞仙关组气田。1995 年，渡口河构造北高点钻探渡 1 井，钻至井深 5037m 时发生强烈井喷，井口压力为 1.8MPa，喷出天然气约 $4906×10^4m^3$，日平均产量为 $497×10^4m^3$，主要产层为飞仙关组。由于井下工程事故，侧钻渡 1-1 井钻遇飞仙关组白云岩，取心分析并对飞三段—飞一段 $4306\sim4354m$ 进行衬管完井试油，在流压 43.47MPa 下，获(未酸化)天然气测试产量 $44.15×10^4m^3/d$，发现鲕滩白云岩气藏。1997 年，以渡 1 井、渡 1 井侧、渡 3 井为基础，计算探明储量 $159.69×10^8m^3$。1998 年在渡口河构造南高点新增渡 4 井和外围新增渡 2 井的基础上，上报新增探明储量 $111.96×10^8m^3$，累计探明储量达 $271.65×10^8m^3$。在构造以北渡 5 井测试产微气，产水 $23m^3/d$，综合分析为气水同产，上报渡 5 井区块预测储量 $175.15×10^8m^3$。2004 年，根据渡 5 井、渡 6 井水层资料，求得飞仙关组气藏气水界面为 $-4035m$，重新计算整个气田的未开发天然气探明储量 $359×10^8m^3$(表 8-1，图 8-1)。

表 8-1 渡口河气田主要钻探成果一览表

项目	渡 1(B)井	渡 2 井	渡 3 井	渡 4 井	渡 5 井	渡 6 井
井别	预探井	预探井	预探井	预探井	预探井	评价井
开钻时间 (年-月-日)	1996-06-19	1997-05-05	1996-10-14	1998-02-20	1999-06-30	2003-10-02
完钻时间 (年-月-日)	1996-09-06	1998-05-19	1997-08-26	1999-03-17	2000-02-13	2004-06-17
完钻井深/m	4390	5442	4380	5243	4880	4600
完钻层位	T_1f^{3-1}	S	T_1f^{3-1}	S	T_1f^{3-1}	T_1f^{3-1}
测试层位	T_1f^{3-1}	T_1f^{3-1}	T_1f^{3-1}	T_1f^{3-1}	T_1f^{3-1}	T_1f^{3-1}

续表

项目	渡1（B）井	渡2井	渡3井	渡4井	渡5井	渡6井
测试井段/m	4306.6～4353.8	4362.2～4374.6；4376.7～4384.6	4274.0～4289.0；4300.5～4342.0	4191.2～4221.0；4226.0～4262.0	4798.0～4823.0；4784.5～4795.5	4374.0～4399.0；4454.0～4480.0
测试孔板孔径/mm	35	26	31	28		3
井底流压 P_{wf}/MPa	43.473	11.642	44.055	40.631	46.65/34.41	
地层压力 P_f/MPa	48.577	46.360	45.898	46.02	49.557	
测试产气/(10^4m³/d)	44.15	16.90	54.18	18.36	微	0.001
测试产水/(m³/d)					23	474
酸化/次						2

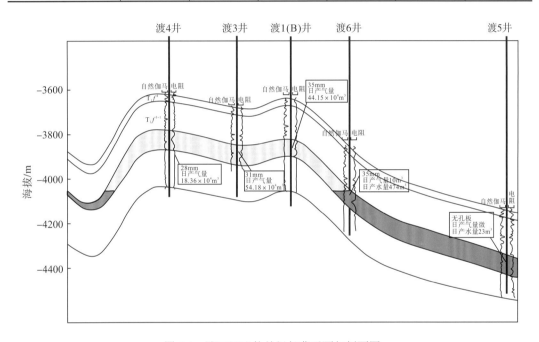

图 8-1　渡口河飞仙关组气藏平面与剖面图

　　据岩心分析及测井解释，渡口河构造飞仙关组鲕滩储层发育良好，表现为滩相地层沉积厚度大，分布范围广，白云石化彻底，溶孔普遍发育，具高孔隙度、高渗透率及非均质性的特点。取心分析表明，储集岩以鲕粒溶孔白云岩、砂屑溶孔白云岩、粉晶白云岩为主，白云石化作用强烈，鲕粒仅存残余结构。当溶孔密集发育时，飞仙关组岩屑多呈炭渣状。鲕滩储层孔、洞、裂缝均发育，有晶间孔、超大溶孔、鲕模孔、粒间溶孔等多种类型。孔、洞是主要储集空间；裂缝是渗滤通道，对改善飞仙关组鲕滩储层的渗透性起着重要作用。

　　岩心测试结果显示，飞仙关组鲕滩储层具有孔隙度高、分布频带宽、含水饱和度低、渗透率较高的特点，主要孔隙类型为各种粒间、粒内溶孔。孔隙度一般分布在 2%～22%（图 8-2），各井统计的有效平均孔隙度达 7.5%～10%，其中孔隙度大于 12% 的样品占总量的 28.28%，孔隙度为 6%～12% 的样品占 40.15%，孔隙度为 2%～＜6% 的样品占 31.57%，Ⅰ、

Ⅱ类储层占总量的 68.43%。孔隙的发育、分布与岩性关系密切，通常情况下，溶孔鲕粒、砂屑白云岩类可发育为中、高孔隙层，孔隙度一般为 6%～25%，可形成Ⅰ、Ⅱ类储层；粉晶白云岩类可发育为中、低孔隙层，孔隙度一般为 2%～12%，可形成Ⅱ、Ⅲ类储层。

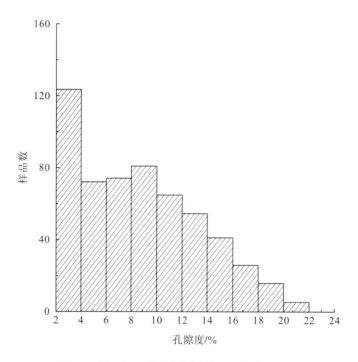

图 8-2　渡口河飞仙关组鲕滩储层孔隙度直方图

渗滤通道以连通孔隙喉道为主、裂缝为辅的特征明显，连通孔隙喉道+裂缝的组合是决定鲕滩储层渗透性好坏的主要因素。从渡口河气田各井岩心分析得知，渗透率大小与孔隙度高低相对应，良好的渗透层分布于整个构造，但由于受碳酸盐岩孔隙结构非均质性及裂缝等因素的影响，岩石基质渗透率变化大。位于渡口河构造南高点的渡 4 井岩心分析的基质渗透率一般为 0.001×10^{-3}～$274\times10^{-3}\mu m^2$，其中大于 $0.01\times10^{-3}\mu m^2$ 的样品占 65%，算术平均值为 $11.56\times10^{-3}\mu m^2$。北高点的渡 1 井、渡 3 井岩心分析的基质渗透率为 0.001×10^{-3}～$1080\times10^{-3}\mu m^2$，其中大于 $0.01\times10^{-3}\mu m^2$ 的样品占 75%，算术平均值为 $109\times10^{-3}\mu m^2$。从渡 1 井产气量达 $497\times10^4 m^3/d$ 可看出本区储层具有良好的渗透性。东翼渡 2 井岩心分析的基质渗透率一般为 0.001×10^{-3}～$272\times10^{-3}\mu m^2$，其中大于 $0.01\times10^{-3}\mu m^2$ 的样品占 54.5%，算术平均值为 $9.57\times10^{-3}\mu m^2$。

由于渡口河构造飞仙关组鲕滩储层的孔隙发育良好，孔隙空间充分，在构造挤压过程中消耗了大部分应力，裂缝发育受限，因此对该区渗透率产生贡献的主要为连通孔隙喉道，裂缝的贡献甚少。统计表明，渡口河构造各取心井岩心总裂缝密度为 1.78～13.00 条/m，有效裂缝密度一般为 0.54～12.00 条/m，发育数量较少（表 8-2）。此外，各井发育有数量不等的 2～5mm 小型溶洞，密度一般为 0.22～64.12 个/m。从全井眼微电阻率扫描成像测井资料可看出各类裂缝的发育是有选择性的，多发育于井壁较光滑、吸光性较差的井段，即粉晶白云岩及鲕粒灰岩段。可见，这些有限的裂缝在纵向上与良好的储层段形成搭配，即有效裂缝主要发育在较差的储层段中，把非均质性储层连为一个整体。

表 8-2　渡口河构造飞仙关组岩心裂缝数据表

井号	岩心长/m	总裂缝		有效裂缝		溶洞	
		数量/条	密度/(条/m)	数量/条	密度/(条/m)	数量/个	密度/(个/m)
渡 1 井侧	18.91	77	4.07	41	2.17	237	12.53
渡 2 井	43.74	189	4.32	146	3.34	465	10.63
渡 3 井	80.19	501	6.25	365	4.55	5142	64.12
渡 4 井	88.35	157	1.78	82	0.93	165	1.87
渡 5 井	140.10	256	1.83	75	0.54	31	0.22
渡 6 井	8.00	104	13.00	96	12.00	11	1.38

　　从岩心分析及测试情况看，渡口河气田飞仙关组鲕滩储层的储集类型属裂缝-孔隙型。从试井分析资料看，压力恢复曲线表现出均质气藏特征(图 8-3)，说明渡口河气藏的渗滤通道主要是连通孔隙。结合岩心分析资料，与铁山气藏等双重介质特征显著的气藏相比，渡口河气藏裂缝发育程度相对较低，储层类型更趋于孔隙型。

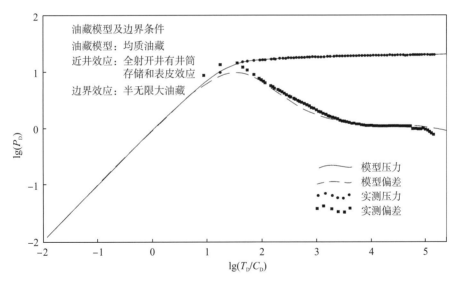

图 8-3　渡口河构造飞仙关组渡 1 井侧气藏压力双对数拟合图

P_D 表示无量纲压力；T_D 表示无量纲时间；C_D 表示无量纲井筒储集常数

　　渡口河飞仙关鲕滩气藏储层段主要集中在距飞三段顶 120～180m 的范围内，孔隙层累积厚度为 22.2～68.4m，总体横向上分布相对稳定，呈透镜状、不规则带状或席状较连片分布，面积约为 150km²。在渡口河构造上，渡 4 井、渡 3 井附近储层有效厚度为 40～

65m，其外围区域有效厚度逐渐减薄，渡 1 井、渡 2 井所在的北高点区域，储层有效厚度为 25～35m。

渡口河构造位于大巴山褶皱带与川东弧形褶皱带交汇处，北东向构造与北西向转东西向的大巴山弧向轴迹的构造轴线在此叠加。其北与五宝场背斜正鞍相接，南与黄龙场构造鞍部相接。地表出露中侏罗统，表层构造为单斜，地腹从下侏罗统开始出现构造。飞仙关组顶界构造形态为断层切割的断层上盘穹窿状背斜，走向 NE。以-3900m 等高线计，长轴为 12km，短轴为 4.8km，闭合面积为 49.11km²，闭合度超过 330m，有南、北两个高点，其中南高点为主高点，高点海拔为-3570m，闭合面积为 7.32km²，略呈椭圆状，北高点规模较小。气藏圈闭类型为构造圈闭。

渡口河气田飞仙关组鲕滩储层在整个构造上大面积分布，构造较高部位产气，较低部位产水，即气藏基本上属由构造因素控制的边水气藏，岩性因素在渡口河气田已不重要，其静态类型应划分为构造型气藏。

根据天然气分析资料统计（表 8-3），该气藏天然气主要成分为 CH₄，平均含量为 79.393%，C_{2+} 烃类的平均含量仅为 0.071%，H_2S 平均含量为 13.978%（212.148g/m³），CO_2 平均含量为 5.505%，天然气相对密度在 0.638～0.743。气藏外围含边水，地层水矿化度为 47.10～47.94g/L，水型为 Na_2SO_4 型，属高含硫、中含 CO_2 的天然气气藏。

表 8-3 渡口河气田飞仙关组鲕滩气藏天然气分析汇总表

井号	天然气组分含量/%								单位体积质量		物理性质		
	CH₄	C₂H₆	C₃H₈	N₂	H₂	He	H₂S	CO₂	H₂S /(g/m³)	CO₂ /(g/m³)	相对密度	临界温度/K	临界压力/MPa
渡 1 井侧	76.70	0.04	0.04	0.42	0.116	0.014	16.21	6.46	231.925	9.020	0.661	220.40	5.322
渡 2 井	78.74	0.04	0.01	1.60	0.062	0.016	16.24	3.29	232.312	64.640	0.694	223.00	5.417
渡 3 井	73.71	0.06	0.05	0.79	0.046	0.014	17.06	8.27	244.051	162.157	0.743	230.70	5.573
渡 4 井	88.42	0.03	0.01	1.12	0	0	6.40	4.00	140.303	98.826	0.638	206.20	5.015
平均	79.393	0.043	0.028	0.983	0.056	0.011	13.978	5.505	212.148	83.661	0.684	220.075	5.332

位置较高的渡 4 井地层压力为 46.02MPa，拟压力系数为 1.0899；位置较低的渡 2 井地层压力为 46.36MPa，拟压力系数为 1.0815；而位置最低的渡 5 井水层地层压力为 49.557MPa，拟压力系数为 1.0605。地层压力随深度变化而增加，拟压力系数的高低完全反映在含气柱高度的变化上。将各井地层压力折算至同一海拔(-4030m)，数值相近，压力系数为 1.08(渡 1 井偏低是由于事故处理中放空了大量天然气)，表明气藏为统一的压力系统。高部位产气、低部位产水，气水关系完全受构造控制，确定气藏气水界面为-4035m。

渡口河气田飞仙关组鲕滩气藏属由构造因素控制的边水气藏，岩性因素在渡口河气田已不重要，其静态类型为构造型气藏。从地下流体性质及气藏压力方面分析，渡口河气田飞仙关组气藏仍是以烃类为主的天然气藏，埋深在 4300m 左右，属常压气藏，地面与地下体积之比达 325，自身能量较强，靠天然气的弹性能量驱动，属定容消耗型气驱气藏，在气藏开发中后期存在边水推进的可能。

(二)金珠坪构造飞仙关组鲕滩高含硫气藏

金珠坪构造位于四川省宣汉县境内,构造位置位于五宝场拗陷北侧,属大巴山前缘北西向褶皱带,其地面构造为天星桥背斜西北倾没端外延部分,平面上与老鹰岩属同一构造带。相邻主要构造或圈闭有:东南侧为老鹰岩构造,南面为紫水坝—月溪潜伏构造带,西北有高张坪、袁四沟、雨台山等构造,北面为土溪口构造。

金珠坪含气构造于 2000 年 9 月首钻金珠 1 井,在 T_1f^{3-1} 钻进中,井段 2960～2961m 具气测异常,全烃含量介于 0～0.4%,甲烷含量介于 0～0.28%。测井曲线上,井段 2950～2988m 具有孔隙度升高、电阻率降低、深侧向电阻率(RLLD)大于浅侧向电阻率(RLLS)的"正差异"气层特征。测井现场解释储层厚 38m,孔隙度为 2%～6%,含水饱和度为 9%～20%。完井射孔试油,产气 $5.02×10^4m^3/d$,酸压后(挤入酸量 $40.4m^3$,水 $0.5m^3$)产气 $7.22×10^4m^3/d$。2003 年,在金珠坪构造高点地震储层预测有利区内钻探以 T_1f^{3-1} 鲕滩储层为目的层的评价井金珠 2 井,目的层 T_1f^{3-1} 井深 2708.96m 处使用密度 $1.17kg/m^3$、马氏漏斗黏度 41s 泥浆钻进发生井漏,续钻中多次井漏,钻至 3039m 停漏,共漏失泥浆 $160.8m^3$。井段 3037.5～3040m 气测异常,槽面无显示,循环正常。由于测井曲线上无明显储层,目的层 T_1f^{3-1} 未试油(表 8-4)。

2001 年以金珠 1 井为基础上报预测储量 $114.74×10^8m^3$;2002 年在重新处理地震资料的基础上,计算控制储量 $66.57×10^8m^3$;2004 年以金珠 1 井、金珠 2 井为基础,结合新的储层预测,上报探明储量 $26.86×10^8m^3$。

表 8-4　金珠坪潜伏构造 T_1f^{3-1} 钻井显示情况表

井号	井段/m	显示类型	显示简述	备注
金珠 1	2960～2961	气测异常	全烃含量 0～0.4%,甲烷含量 0～0.28%	井段 2950～2988m 酸后产气 $7.22×10^4m^3/d$
金珠 2	2711～2714	井漏	密度 1.17 kg/m³,漏速 1.6～4.2m³/h	无明显储层,未试油
	3037.5～3040	气测异常	全烃含量 0～0.01%,甲烷含量 0～0.02%	储层发育差,未试油

储集层主要发育于 T_1f 下部质纯的白云岩中。取出的岩心肉眼可见溶蚀孔隙,面孔率最高可达 5%～8%。测井曲线上一般表现为低自然伽马(10～30API)、孔隙不发育、高电阻率(数千欧姆·米以上)的致密基岩特征。储层段 3950～3987m 表现为孔隙度升高、电阻率降低的渗透层特征,且深、浅侧向电阻率在降低的基础上表现为减阻侵入(RLLD>RLLS)的气层特征。岩心样品薄片分析表明,储集空间类型主要为粒间(内)孔与粒间(内)溶孔。

据金珠 1 井 T_1f 取心岩样分析,孔隙度最大为 11.83%,最小为 0.33%,平均为 1.54%。储集层孔隙度普遍较低,84.23%的样品孔隙度小于 2%,孔隙度为 2%～<6%及 6%～12%的样品分别仅占 13.06%及 2.71%,无孔隙度大于 12%的样品。储层应属储渗性较差的低孔、低渗储层。储集层孔喉分选及连通性差,以小喉为主,孔隙结构不均,非均质性明显。低孔渗储集条件导致气藏测试产能较小。相近厚度高孔隙度的渡 1 井无阻流量达 $493×10^4m^3/d$,坡 1 井测试获气 $36.58×10^4m^3/d$。

金珠 1 井 T_1f 地层钻井取心 132.7m,共发育裂缝 2673 条,裂缝平均密度为 20.14 条/m。其中,81.27%的裂缝被方解石、泥质、石膏、白云石及硫黄等物质充填(表 8-5)。有效裂缝发育较差,整个取心段共有有效缝 501 条,平均有效缝密度仅 3.78 条/m,有效裂缝发育程度较低。储层段(2950~2988m)裂缝相对发育,包含该井段的第 8、9 次取心,有效缝密度分别达 13.04 条/m 及 5.87 条/m。有效缝以小缝为主,发育少量中缝;产状以平缝为主,立缝次之,斜缝发育程度相对较低。此外,取心段见少量缝合线及溶洞,缝合线以储层部位最为发育,而溶洞仅发育于储层部位。对应的第 8、9 次取心心长 26.53m,发育溶洞 52 个。以直径 1~5mm 的小洞居多(27 个),大于 10mm 的大洞次之(15 个),5~10mm 的中洞较少(10 个),两次取心的洞密度分别为 3.81 个/m 及 1.14 个/m。

表 8-5　金珠 1 井 T_1f 地层岩心缝洞统计表

取心次数	井深/m	心长/m	裂缝总数/条	裂缝总密度/(条/m)	有效缝条数/条	有效缝密度/(条/m)	缝合线/条	溶洞/个	洞密度/(个/m)	冒气处数/处
1	2820.00~2820.59	0.59	5	8.47	0	0				
2	2820.59~2827.92	7.33	164	22.37	2	0.27	5			
3	2876.20~2885.20	9.00	102	11.33	10	1.11	1			
4	2885.20~2899.88	14.68	98	6.68	6	0.41				
5	2899.88~2914.96	15.08	93	6.17	12	0.8				
6	2914.96~2932.16	17.20	135	7.85	25	1.45	5			
7	2932.16~2950.59	18.43	221	11.99	28	1.52				1
8	2969.15~2977.28	8.13	496	61.01	106	13.04	5	31	3.81	566
9	2977.28~2995.68	18.40	620	33.69	108	5.87	23	21	1.14	226
10	2995.68~3014.08	18.40	475	25.81	66	3.59	5			12
11	3014.08~3019.55	5.47	264	48.26	138	25.23				
合计	2820.00~3019.55	132.71	2673	20.14	501	3.78	44	52	0.39	805

全井眼微电阻率扫描成像图显示,金珠 2 井 T_1f^{3-1} 段溶蚀孔洞较发育,有串珠状、似层状、斑块状和孤立状多种特征。鲕滩储层段局部有较发育的裂缝。裂缝产状既有高角度裂缝,又有低角度裂缝。

金珠坪潜伏构造 T_1f^{3-1} 储集层厚度变化较大,完钻的两口井中,金珠 1 井厚 32.5m,金珠 2 井厚仅 4.88m。气藏以Ⅲ类储层为主,Ⅱ类储层较少,无 I 类储层。金珠 1 井储层段岩心统计平均孔隙度为 4.28%,金珠 2 井测井精细解释储层段平均孔隙度为 2.83%,总体表现为低孔、低渗的特征。

金珠坪潜伏构造下三叠统中部以下受断层牵引形成断背式潜伏构造,由 NW 向 SE 有韩家塝、金珠坪、碑牌沟三个潜伏高点,金珠坪为主高点。构造轴向 NW,最低圈闭线为

-2200m，闭合度为 500m，圈闭面积为 32.4km^2。断层较发育，其中控制构造形态的断层主要为⑥、⑨两条逆断层，走向与构造轴线基本一致。断层长度为 16.0～45.0km，落差为140～1700m，倾角为 60°～80°，断开层位为 T$_1j$—$\in$地层。构造范围内其余断层的规模较小，对构造形态特征的影响不明显。构造圈闭内为天然气全充满，构造范围内无地层水分布，最低圈闭线以上的储层为天然气所充满。气藏圈闭类型为岩性-构造圈闭。

金珠 1 井先后两次取气样进行分析。分析结果(表 8-6)表明，T$_1f$ 气藏中甲烷含量在90%左右，乙烷及其以上的重烃含量较低，属气藏气特征。H$_2$S 及 CO$_2$ 含量较高，分别为96.234g/m^3 及 19.058g/m^3，应属酸气范畴。

表 8-6 金珠坪潜伏构造 T$_1f$ 气藏气分析简表

井号	取样日期 (年-月-日)	相对密度	甲烷含量 /%	C$_{2+}$烃类含量 /%	H$_2$S 含量 /(g/m^3)	CO$_2$ 含量 /(g/m^3)
金珠 1	2001-04-13	0.611	90.95	0.27	96.234	19.058

利用渡 5 井与紫 1 井气水柱方程计算金珠坪构造气水界面为-2813.46m。由于金珠 1井储层段低于飞三段顶界约 330m，储层段最低圈闭线应为-2530m。利用渡 5 井及紫 1 井水井压力方程与金珠 1 井气柱方程联解求得的气水界面投影到飞三段顶界构造图上分别约为-2350m 及-2482.26m。该深度已超过金珠坪构造的最低圈闭线(-2200m)，表明金珠坪构造范围内无地层水分布，最低圈闭线以上的储层为天然气所充满。

据金珠 1 井实测压力 32.284MPa(测点井深 2616.81m)，T$_1f$ 气藏中部(井深为2699.13m，海拔为-2263.50m)折算的地层压力为 32.471MPa，压力系数为 1.23，属轻度超压气藏。金珠构造 T$_1f$ 气藏目前仅完钻 1 口获气井，未取得地层水资料，烃类检测及气层识别结果显示，构造范围内为天然气分布的有利区及较有利区，无水层分布。借用邻区水井(渡 5 井)求得的气水界面已低于构造最低圈闭线，表明金珠坪构造范围内的储层为天然气所充满。结合川东地区 T$_1f$ 气藏的区域特征，将气藏驱动类型归属为弹性气驱气藏类型。

(三)普光构造飞仙关组滩相高含硫气藏

普光气田位于四川省宣汉县境内，是位于川东断褶带东北段双石庙—普光北东向构造带上的一个鼻状构造，介于大巴山推覆带前缘褶断带与川中平缓褶皱带相接之间。该构造带西侧由三条断层控制，东部紧邻北西的清溪场—宣汉东、老君山构造带。普光气田是一个主要发育于下三叠统嘉陵江组四段以下地层中的断层相关褶皱，在印支期已具雏形，于燕山期在挤压应力作用下形成北东向构造。2003 年，中国石油化工集团有限公司南方海相油气勘探项目经理部和中国石油化工股份有限公司勘探南方分公司在宣汉—达川地区钻探普光 1 井时发现了普光气田。2005 年初，飞仙关组探明储量为 1143.63×10^{8}m^3，普光气田已初步落实的三级储量超过 3500×10^{8}m^3。普光气藏处于东岳寨—普光背斜带的北段。钻探在构造南高点的川岳 83 井、川岳 84 井，飞仙关组、长兴组未发现孔隙型储层，在构造低部位的普光 1 井、普光 2 井、普光 3 井、普光 4 井发现了巨厚白云岩储层和高产天然气流。台地边缘、台地沉积相在地震剖面上反射清楚，相变带两侧的沉积、储层发育完全不同，其西侧受北东向逆冲断层控制，北侧与东侧受构造线控制，南部受相变带控制，是一受鼻状构造与相变线共同控制的构造-岩性复合型圈闭(图8-4)。从普光构造飞仙关组气藏天然气性质上看，该气藏为高含硫、中含二氧化碳过成熟干气天然气藏，区域上与罗家寨、渡口河、铁山坡形成一个高含硫天然气分布区。其中甲烷平均含量为76.17%，乙烷平均含量为0.005%，干燥系数平均值大于99.8%，属于过成熟干气。H_2S平均含量为14.96%，CO_2平均含量为8.20%，天然气平均相对密度为0.7276，天然气平均临界温度为227.0525K，天然气平均临界压力为5.48MPa。从测井及测试资料看，该气藏地层水矿化度较低，主要介于30～40g/L，水型属于氯化钙型。普光构造与罗家寨、渡口河气藏类似，也为受构造-岩性复合圈闭所控制的边水气藏，由于构造位置更低，因此其气水边界应更低，为-4998m。气藏压力系数为1.05，为常压气藏(表8-7)。通过碳同位素测试对比分析，认为普光气田气源主要为龙潭组油型裂解气。普光气田下三叠统飞仙关组储层岩性以鲕粒白云岩为主。据钻井密闭取心资料分析，储层物性以中孔中渗、高孔高渗储层为主，储集性较好。储层段孔隙度介于2.00%～28.86%，平均值为8.11%;渗透率介于0.01～3355mD，平均值为109mD。

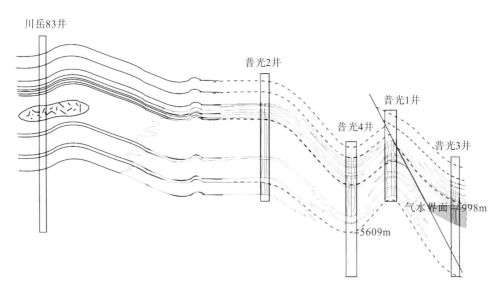

图8-4　川东北地区普光气藏剖面图(据中国石油化工股份有限公司勘探分公司2007年内部资料)

表8-7　川东北地区普光气藏特征统计表

类型	气水界面	气体组分	地层水	压力系统	气源	储层岩性与储层空间类型
构造-岩性气藏	见边水(-4998m)	低甲烷、高硫化氢	低矿化度、氯化钙型	常压(1.05)	龙潭组油型裂解气	鲕粒白云岩、孔洞

二、成藏过程与成藏模式

油气源对比、烃源岩评价、优质储层形成条件、油气充注期次、输导体系建立及油气运移路径分析都是油气成藏过程探讨和油气成藏模式研究的基础。油气成藏实际上就是成藏条件在时空上有效匹配的过程，这一过程用时间来描述就是成藏的关键时期。

(一)印支晚期—燕山早期(T_3x—J_2)

烃源岩热演化史表明在该时期中上二叠统烃源岩经历了从低熟—成油高峰期的阶段(R_o 为 0.5%～1.3%)。而此阶段研究区台缘礁滩储层在早期混合水化的基础上又叠加了多期埋藏白云石化，同时伴随烃源岩在大量生油时所排出的含有机酸的酸性水，在从海槽向台内区运移的过程中，将早期空隙(主要是晶间溶孔、粒间溶孔、溶缝孔径，一般较小)溶扩、沟通。这些孔隙中常见到全充填、半充填及微充填的沥青，说明孔隙发育时期与区内液烃运聚相吻合，而隆起高部位及上斜坡带是这期埋藏溶蚀作用发育的有利地带。台缘早期混合水白云石化的鲕滩储层在经历了埋藏白云石化的同时叠加了有机酸溶蚀作用，孔隙度得到明显增加(可增加到 15%左右)，为液烃的早期运聚提供了通道和聚集空间。

从印支晚期—燕山早期，研究区已有了较明显的构造起伏，鲕滩储层向台内潟湖及南部斜坡的侧向尖灭封堵，同时生物礁又形成岩性圈闭，液烃向位处古隆起及上斜坡的礁滩储层发育区内的高部位运聚。此时构造圈闭尚未形成，但由于鲕粒岩与围岩岩性致密可以构成岩性圈闭，形成初具规模的古油藏。

从剖面图上看，台缘带的铁山坡(坡 2 井—坡 4 井)—普光—七里北 1 井—渡口河—罗家寨—温泉井地区整体处于构造高部位，为早期石油聚集的最有利地区，在这一个古高带上发现了大量沥青，其大致走向基本顺台缘呈 NW 方向；坡西地区的青草坪位置相对较低，处于上斜坡位置，为石油运移的路径，可在岩性圈闭中聚集成藏；向台地内部，坡西地区的王家坝—高岭山地区处于局部构造高部位，可作为油气聚集的有利区，金珠坪地区具有小的构造隆起，在储层发育时，可聚集一定量的油气；天成寺为构造低部位，主要作为油气运移的通道，相邻的菩萨殿为上斜坡，可聚集一定量的油气。

从古构造与储层沥青平面分布图(图 8-5)看，两者有较好的吻合关系。古油藏形成时，铁山坡、七里北、普光、渡口河、罗家寨等台缘带及赵家湾一带为构造高部位，是液烃最为富集的地区；青草坪、金珠坪及菩萨殿等地区构造位置相对较高，为较有利的油气聚集区。而台内潟湖区的朱家嘴、高张坪、东升、杨家坪等地区位于构造低部位，液烃充注很弱或基本无液烃充注。这些与流体包裹体的分析结果有较好的一致性。目前在礁滩储层中气液两相或液相有机包体，均一温度主要集中在 110～130℃(相当于燕山早期)。这也是第一次成藏，即古油藏的形成期。

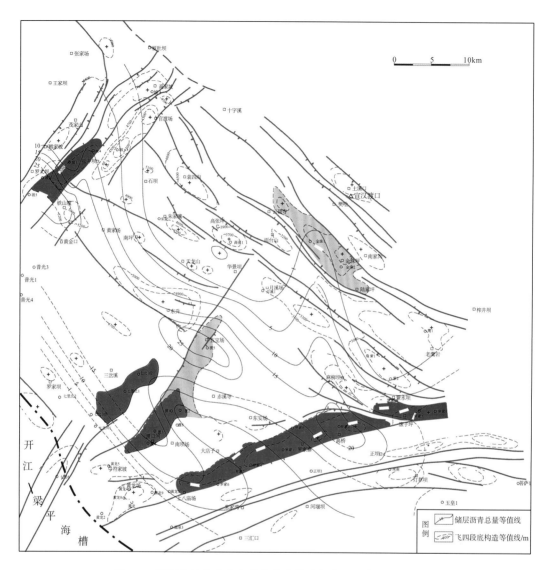

图 8-5　四川盆地东北部飞仙关组古构造与储层沥青平面分布图

(二)燕山中晚期—白垩纪末(J₃—K)

二叠系烃源岩经历了凝析油—湿气—干气阶段(R_o 为 1.3%～2.0%),这一阶段以大量生气为主要特征。同时,聚集在早期圈闭中的烃类进一步演化热裂解为天然气。古油藏深埋热解破坏后,在储层内被沥青充填后剩余孔隙的基础上发生第二期埋藏溶蚀作用,这期埋藏溶蚀作用与液烃裂解及硫酸盐热化学还原过程中产生的 H_2S 有关。研究区飞仙关组内部发育大量石膏,地层水中含大量 SO_4^{2-},在深埋、高温阶段,液烃裂解产生的 CH_4 或干酪根热裂解生成的 CH_4 与 SO_4^{2-} 反应,生成大量的 H_2S,对碳酸盐岩具有强烈的腐蚀作用。这期埋藏溶解孔明显较前期大,可能扩大前期孔隙、裂缝并切割前期的孔渗系统,其内没有充填沥青或包含前期溶孔内的沥青。这期埋藏溶蚀孔是现今鲕滩储层中的主要储集空间。古构造继承发展并一直保存下来,但仍然以岩性圈闭为主。孔隙的形成、圈闭的形成与成气高峰在时空上的有利搭配,形成构造-岩性、岩性圈闭古气藏。

由于大量液烃裂解为气,占据了岩石孔隙,抑制了成岩作用的持续进行,胶结作用近于停滞,仅在第四期胶结物中见少量包裹体形成,均一温度在 140~200℃,且多在 180~200℃,七里北 1 井、坡 2 井及黄金 1 井、朱家 1 井中有较多的高温包裹体,说明此时这些地区有气烃聚集(普光、坡 2 井、七里北 1 井)或经过(朱家 1 井、黄金 1 井)。

(三)古近纪以后

古近纪以后即喜马拉雅期,烃源岩已演化到过成熟干气生成阶段。受喜马拉雅运动影响,在川东北地区的飞仙关组储层内,也形成了许多不同类型的构造-岩性、岩性-构造圈闭。同时,促使先期的古气藏解体调整,天然气重新分配运移聚集。

川东北地区位于盆地边缘,在燕山期、喜马拉雅期构造运动中受到强烈的挤压、抬升作用,构造变动较大,对古油气藏的重新分配产生了重要影响。顺台缘带的铁山坡—普光及七里北—黄龙场地区,仍处于构造高部位,为油气聚集的最有利地区,向台内金珠坪地区被挤压抬升,有利于油气的聚集成藏;青草坪地区位于上斜坡部位,为较有利的地区,向台内方向的王家坝西—高家岭—刘家山—帽儿顶地区挤压强烈,构造抬升较高,但同时断裂也十分发育,该地区的勘探需要注意对保存条件的研究;五百梯与天成寺被挤压成为上斜坡区,其间为大的向斜带,菩萨殿、马槽坝地区相对抬升,为油气聚集的较有利地区。

台缘带地区的铁山坡、普光、渡口河、罗家寨等地区一直处于构造高部位,且紧邻有利生烃区,为油气聚集的最有利地区。坡西地区构造位置总体较低,青草坪等地区处于上斜坡地区,为油气聚集的较有利地区,向台内方向到刘家山等地区,构造抬升相对较大,但处于造山带前缘,构造作用强烈,断裂十分发育,油气的保存条件需要重点研究;五宝场拗陷内部存在相对高的构造带,但其形成时间相对较晚、隆升幅度相对较低,不利于油气的聚集,因此勘探效果不佳,如高家 1 井、朱家 1 井等,而金珠坪地区更靠近山前带,一直处于较高的构造位置,成为目前拗陷内部唯一一个有发现的构造带;正坝—赵家湾—马槽坝地区也一直处于较高的构造位置,为油气聚集的较有利地区。

所谓成藏模式就是把成藏要素和成藏作用,在时空上高度概括和组合,特别注意要表征成藏条件下最具特征的关键点。飞仙关组鲕滩气藏以构造-岩性复合类型为主,其主要成藏特征(图 8-6、图 8-7)如下:成藏要素在空间上属于"下生上储顶盖式"的正常组合;成藏作用在时间上属于"早生早聚,晚期调整"的成藏类型;在聚烃相类型上,都有早期为油藏,晚期为裂解气藏的成藏转变;在油气圈闭类型上,都具有早期岩性圈闭,晚期构造背景叠合下的继承性构造-岩性复合圈闭特征。

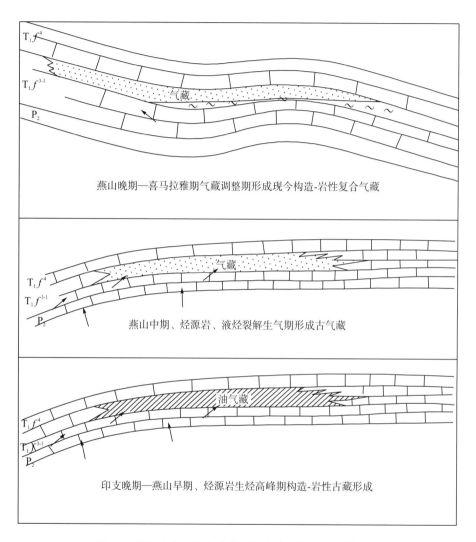

图 8-6　四川盆地东北部飞仙关组高含硫气藏成藏模式图

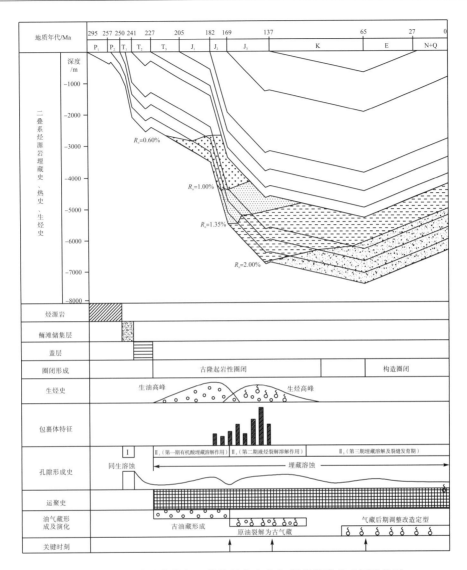

图 8-7　四川盆地东北部飞仙关组高含硫气藏成藏模式时间演化图

(四)普光—毛坝地区飞仙关组高含硫气藏成藏模式

通过综合分析烃源岩生排烃史及包裹体均一温度测试结果,认为研究区各气藏均存在三期油气充注过程:第一期为正常油充注,于燕山运动早幕早侏罗世(195～175Ma);第二期为凝析油-湿气充注,于燕山运动中幕中侏罗世(185～165Ma);第三期为高/过成熟裂解气充注或调整,于燕山运动晚幕中晚白垩世(120～70Ma)。综合而言,研究区气藏以构造-岩性复合圈闭为主,圈闭面积较大(图8-8);以中上二叠统优质烃源岩贡献为主;以飞仙关组滩相厚层白云岩为储层,储集性能良好;以飞三段上部—雷口坡组膏盐岩、灰岩、泥质岩为盖层,保存条件较好;以断层为运移通道,具有良好的生储盖匹配关系。构造演化期次与气藏主要成油、成气的期次相耦合,具有优越的时间匹配关系,油气资源丰富。

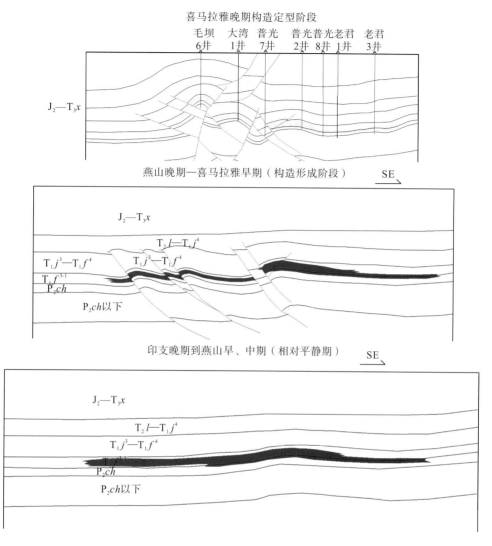

图8-8　毛坝、大湾、普光地区飞仙关组气藏油气成藏模式示意图

(五)铁山坡—黄龙场地区飞仙关组高含硫气藏成藏模式

通过关键地质要素和地质作用的分析以及油气成藏机理的综合研究,结合典型油气藏解剖,揭示了四川盆地铁山坡—黄龙场地区飞仙关组高含硫气藏成藏模式。综合分析认为,控制研究区飞仙关组气藏形成的主要因素有储层白云石化及其形成演化与油气充注历史的匹配关系和油气输导体系形成演化及其输导效应两个方面。以油气充注历史为基础,以输导体系为重点,揭示了研究区飞仙关组两种油气成藏模式:其一,茅口组/龙潭组生烃、飞仙关组断裂输导、中侏罗世裂隙-溶孔(早期飞仙关组白云石化)型圈闭聚集古油藏、后期裂解成气藏的"早期垂向模式";其二,茅口组/龙潭组生烃、飞仙关组断裂输导、中晚白垩世裂缝-溶孔型非均一气藏聚集的"晚期垂向模式"。整体而言,气藏总体呈现下生上储、通源断裂/裂缝-滩输导、正常油/凝析油/高过成熟裂解轻烃气二期—三期油气多

点充注近源成藏过程(图 8-9)。另外，多因素差异性导致了不同区带滩相白云岩储层及关键期源储关系的差异性，进而导致其成藏模式和富气程度的差异性(表 8-8)。

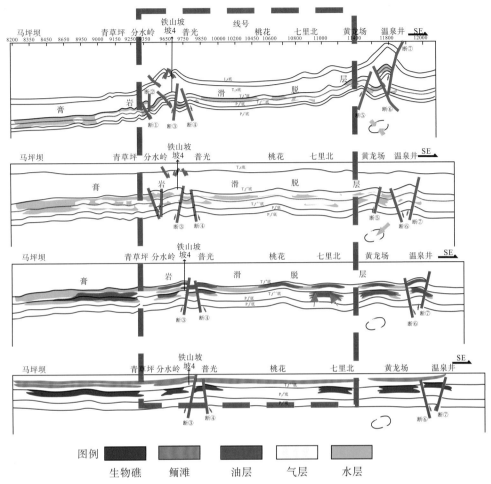

图 8-9 铁山坡—黄龙场顺台缘带礁滩气藏成藏演化模式图

表 8-8 铁山坡—七里北地区各气藏综合对比表

类别	七里北	普光	大湾	毛坝	铁山坡
含气层位	从飞仙关组为主	飞仙关组、长兴组	从飞仙关组为主	从飞仙关组为主	飞仙关组
油气丰度	中丰度	高丰度	中丰度	高丰度	坡西高丰度、主体中丰度
供气能力	较强	多/近源、强	强	强	较强
充注期次	三期	三期	三期	三期	三期
储层特征	局部发育	厚、多层	含气幅度高	裂缝孔隙型	局部连续
圈闭类型	构造-岩性	构造-岩性	构造-岩性	构造-岩性	构造-岩性
保存条件	较好	好	好	较好	较好
气水关系	边水	有限边水或无水	无水	边水	以边水为主
流体能量	中能	中能	高能	高能	中高能
高产井	七里北 1	普光 2	大湾 1	毛坝 1、毛坝 4、毛坝 6	坡 2、坡 5

另外，综合分析对比结果表明，研究区高产井呈现出下生上储、T 型输导、多期充注、滩相孔缝储集、高效封盖、晚期定位、构造-岩性复合圈闭的成藏模式。研究区气藏具有烃源充足、近源多期充注、储层物性较好、圈闭形成时间早、古今构造有效搭配、横向未调整运移、盖层未破坏，圈闭含气性好，单井产量高的特征。

第二节　成藏主控因素与圈闭评价

一、成藏主控因素与富集规律

本书基于调研成果及多圈闭的解剖，认为川东北地区飞仙关组油气成藏主要受沉积相带位置、圈闭形成时间、古今构造搭配关系、储层物性、横向调整运移及盖层完整性六大因素控制(图 8-10)。总体而言，台缘带优质鲕滩发育有利，局限台地相区次之；圈闭在晚白垩世(K_2)及以前形成有利，圈闭形成时间晚于晚白垩世不利；古构造高+今构造高有利，古构造低+今构造高次之，古构造高+今构造低不利，古构造低+今构造低最差；储层孔隙度大于 3.5%有利(原油高效充注)，储层孔隙度小于 3.5%不利(原油无效或低效充注)；油气横向不调整有利，油气横向调整运移不利；无通天断层盖层，油气保存有利，而存在通天断层盖层，油气保存不利。其中，古构造高指圈闭在印支期、燕山期处于构造的高部位(尤其是印支期)，今构造低指圈闭在喜马拉雅期—现今处于构造的低部位。

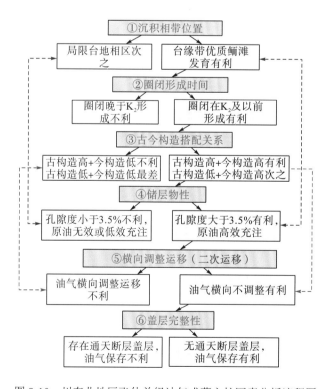

图 8-10　川东北地区飞仙关组油气成藏主控因素分析流程图

　　川东北地区飞仙关组油气成藏富集规律可简要概括为下生上储、近源充注、差异捕获、台缘富集、早圈富气、晚圈贫气、多期调整、气水分异、横向运移、断层破坏。具体认识如下。

　　(1)台缘带是优质鲕滩储层发育的基础，同时有利于烃源岩的近源充注。开江—梁平海槽东侧发育的台缘鲕粒坝(滩)是有利的沉积相带，这一相带内的鲕粒岩经早期混合白云石化并叠加晚期埋藏白云石化和埋藏溶蚀作用后形成的残余鲕粒白云岩是优良的鲕滩储层。台缘带优质鲕滩储层发育，储集岩以鲕粒白云岩为主，各类溶蚀孔隙发育，储层物性好；台内相区(局限台地)储集岩为台坪相泥-粉晶白云岩，储集空间以晶间孔为主，储层物性总体较差(图 8-11、图 8-12)。同时，台缘带靠近海槽相优质烃源岩，气源充足，捕获油气具有"近水楼台先得月"之优势；而局限台地相区与烃源岩运移距离较远，气源可能不足(图 8-13)。

　　(2)良好的圈闭条件是油气成藏的关键，圈闭形成的时间影响油气的有效捕获。若圈闭在油气生成主要时期(J_2、K_2)及其以前形成，则能够高效捕获油气，圈闭含气性好；若圈闭在油气生成主要时期(J_2、K_2)以后形成，则圈闭往往为无效圈闭，其含气性很差，当储层孔隙发育时，储层可能含水，当储层孔隙不发育时，储层可能为干层。以杨家坪为例，在印支期可能有古油藏充注，但此时杨家坪圈闭未形成，燕山中晚期—喜马拉雅期受挤压形成了低幅圈闭，但天然气向邻近构造位置更高的圈闭中运移，故钻井储层含水(图 8-14)。

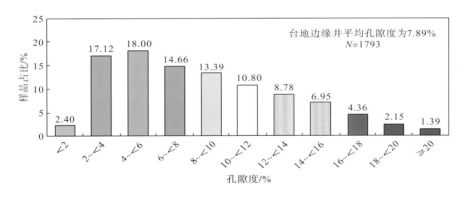

图 8-11　川东北地区飞仙关组台地边缘鲕滩储层孔隙度分布直方图

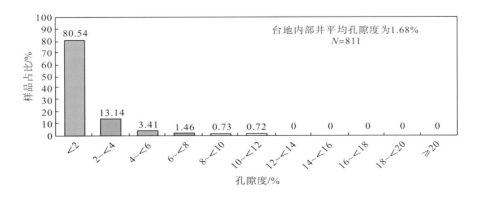

图 8-12　川东北地区飞仙关组局限台地区泥粉晶白云岩储层孔隙度分布直方图

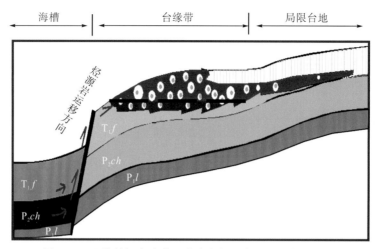

图 8-13　飞仙关组古油藏形成阶段烃源岩运移方向模式图

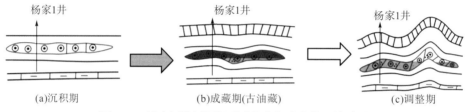

图 8-14　杨家坪地区圈闭形成演化与成藏搭配关系图

(3)古今构造搭配关系决定流体横向调整运移的最终方向。古今构造搭配模式中，古构造高+今构造高，圈闭含气性最好；古构造低+今构造高，圈闭含气性次之；古构造高+今构造低，圈闭含气性较差；古构造低+今构造低，圈闭含气性最差。以渡口河为例，渡5井处于古构造的高部位，孔隙中见沥青充填，表明该井区早期为古油藏富集区，经喜马拉雅运动调整改造后，渡5井井区流体性质发生反转，由油、气区变为纯水区(图8-15)。

(4)储层物性影响古油藏的有效充注，古油藏充注存在孔隙度下限。研究表明，开江—梁平海槽东侧飞仙关组天然气主要为原油裂解气。川东北地区飞仙关组 9 个鲕滩圈闭残余沥青含量的统计结果显示，有些圈闭内部含沥青(如普光、渡口河等)，有些圈闭内部却不含沥青(如金珠坪、双庙场)。上述现象表明，在古油藏成藏期有些鲕滩圈闭形成了古油藏，有些却未形成古油藏，即使同为含沥青的圈闭，有些沥青含量很高(如普光)，而有些含量却很低(如鹰 1 井)。这一现象说明，在古油藏形成的时候，有些圈闭含油性好，而有些含油性却很差。飞仙关组储层物性对古油藏的含油性起主要控制作用，金珠坪等圈闭孔隙度小于或接近于古油藏储层的物性下限(3.5%)，这是造成这些圈闭不含油或含油性很差的主要原因。飞仙关组各气藏储层平均孔隙度越大，其残余沥青含量就越高，即储层物性越好，古油藏的含油性就越好。当孔隙度大于 3.5%时，古油藏的储层内部存在沥青；当孔隙度小于 3.5%时，储层内部基本无沥青分布，即储层物性存在一个下限值(3.5%)。原油的有效充注决定了圈闭古油藏的丰度，进而影响现今圈闭天然气的富集程度及含流体性质。综上所述，台缘带储集岩为溶孔鲕粒白云岩，储层物性总体较好(平均孔隙度大于3.5%)，原油高效充注，圈闭含油气性好；局限台地相区储集岩为泥-粉晶白云岩，储层物性总体较差（一般平均孔隙度小于 3.5%），原油低效或无效充注，圈闭含油气性相对较差。

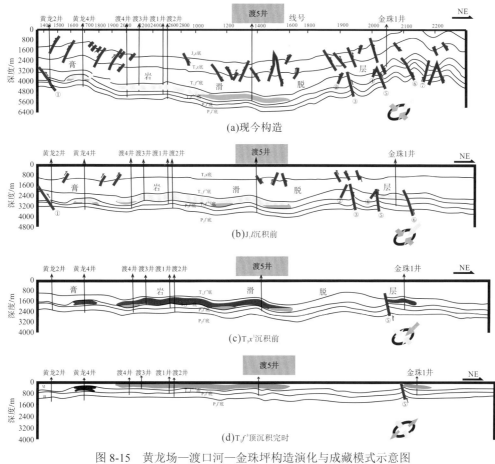

图 8-15　黄龙场—渡口河—金珠坪构造演化与成藏模式示意图

①～⑦：断层代号

（5）通天断层发育、盖层遭到破坏，圈闭的含气性往往变差（产水或测试结果为干层）。若区块鲕滩储层发育、构造圈闭存在、圈闭形成时间早于主力生气期，存在通源断层（指沟通烃源岩与气藏的断层），则有利于鲕滩气藏的形成。若圈闭与通天断层相连则构造含气性差，往往产水或测试结果为干层，如正坝主体构造的正坝 1 井，构造南部发育温③号大断层，影响了气藏的有效保存，虽然正坝 1 井钻遇鲕滩储层，但储层含水（图 8-16）。

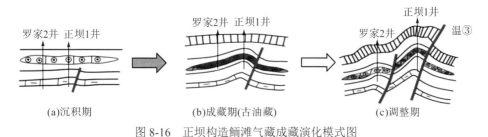

图 8-16　正坝构造鲕滩气藏成藏演化模式图

二、圈闭评价与资源潜力

(一)飞仙关组圈闭综合排队标准

圈闭地质评价主要是评价圈闭的成藏条件和含油气性及其相对优劣,包括圈闭识别依据资料置信度评价、地质参数评价与评价方法三部分。其目的是在现有资料的基础上评价圈闭含油气性的有利程度与地质风险,对勘探目标进行优劣排序,从而为钻探的科学决策提供依据。

本书综合上述多种圈闭评价参数体系,认为研究区内飞仙关组埋深变化大,其中坡西地区埋深相对最大,在 5000～7000m。下伏上二叠统烃源平均生烃强度为 10×10^8～$25\times10^8 m^3/km^2$,烃源较为充足。在对圈闭进行评价时,主要考虑了圈闭所处的沉积相带、圈闭面积、圈闭资源量、埋深等因素,并按邻近已获气藏的储量丰度类比估算了各圈闭的资源量。在进行综合评价时主要考虑圈闭所处沉积相带和圈闭资源量,其中圈闭资源量大于 $60\times10^8 m^3$,评价为 I 类圈闭;圈闭资源量小于 $60\times10^8 m^3$、大于 $20\times10^8 m^3$,评价为 II 类圈闭;圈闭资源量小于 $20\times10^8 m^3$,评价为 III 类圈闭。

依据中国石油集团川庆钻探工程有限公司提供的构造平面图及储存预测图,共识别出飞仙关组圈闭 85 个,合计圈闭面积 1661.05km²。

(二)飞仙关组圈闭综合评价及资源潜力计算

按照沉积相及构造位置,本书将研究区内识别的圈闭分为三个区块:台缘相圈闭、台内相圈闭及台内沉积相转变带正坝—菩萨殿地区(表8-9)。综合已知气藏的储量丰度和不同地区的地质条件对圈闭资源量进行计算,各区块具体采用的参数如下。

(1)处于台缘相区的圈闭,采用铁山坡、渡口河、罗家寨、七里北气藏的储量丰度,为 $9.33\times10^8 m^3/km^2$。

(2)处于台地相的圈闭使用金珠坪井区的储量丰度,为 $2.28\times10^8 m^3/km^2$。

(3)处于正坝—菩萨殿区块的圈闭采用坝南 1 井区的储量丰度,为 $2.98\times10^8 m^3/km^2$。

根据前面提到的圈闭综合排队标准,得到研究区内圈闭综合排队结果(表8-9):共识别圈闭 85 个,其中 I 类圈闭 21 个、II 类圈闭 47 个、III 类圈闭 17 个,圈闭面积总计 1565.65km²,圈闭总资源量为 $5721.95\times10^8 m^3$。

本书识别的圈闭排除了已取得钻探成果的地区,如铁山坡、罗家寨等, I 类圈闭主要位于勘探程度较低的坡西台缘相带,台内相带也有少量 I 类圈闭存在。II 类圈闭相对较多,主要位于台内相带。由此可以看出,研究区内飞仙关组还存在较大的资源量,具有较好的勘探潜力。

表 8-9　四川东北部飞仙关组圈闭估算资源量统计表

区块	序号	所处沉积相带	圈闭名称	圈闭类型	圈闭面积/km²	计算用储量丰度/(10⁸m³/km²)	估算圈闭资源量/10⁸m³	综合评价
坡西	6	台缘	马坪坝北	构造-岩性	17.31	9.33	161.50	I
	7	台缘	芝包场	构造-岩性	19.17	9.33	178.86	I
	14	台缘	河口场西	构造-岩性	48.33	9.33	450.92	I
	15	台缘	河口场东	构造-岩性	37.66	9.33	351.37	I
	16	台缘	秦家河	构造-岩性	19.51	9.33	182.03	I
	17	台缘	青草坪	构造-岩性	58.2	9.33	543.01	I
	18	台缘	分水岭北	构造-岩性	5.95	9.33	55.51	II
	19	台缘	沙坝西	构造-岩性	5.12	9.33	47.77	II
	20	台缘	沙坝	构造-岩性	10.93	9.33	101.98	I
	30	台缘	雷家湾	构造-岩性	23.12	9.33	215.71	I
	54	台缘	南坝场	构造-岩性	25.68	9.33	239.59	I
	1	台内	郭家坪西	岩性-构造	10.69	2.28	24.37	II
	2	台内	新店子	岩性-构造	34.12	2.28	77.79	I
	3	台内	万家坝南	构造-岩性	9.96	2.28	22.71	II
	4	台内	赵家河	构造-岩性	19.59	2.28	44.67	II
	5	台内	高木桥南	构造-岩性	21.4	2.28	48.79	II
	8	台内	草坝场	构造-岩性	20.64	2.28	47.06	II
	9	台内	新店子南	构造-岩性	19.57	2.28	44.62	II
	10	台内	新店子	构造-岩性	10.45	2.28	23.83	II
	11	台内	高白岩	岩性-构造	24.8	2.28	56.54	II
	12	台内	王家坝西	岩性-构造	34.59	2.28	78.87	I
	13	台内	石窝场南	构造-岩性	44.48	2.28	101.41	I
	21	台内	熊家坡西	构造-岩性	3.17	2.28	7.23	III
铁山坡—罗家寨	22	台内	王家坝南	构造-岩性	4.6	2.28	10.49	III
	23	台内	熊家坡	岩性-构造	12.88	2.28	29.37	II
	24	台内	官渡场	岩性-构造	19.34	2.28	44.10	II
	25	台内	官渡场南	岩性-构造	16.19	2.28	36.91	II
	26	台内	朱家嘴西	构造-岩性	18.33	2.28	41.79	II
	27	台内	刘家	岩性-构造	21.51	2.28	49.04	II
	28	台内	南坪	岩性-构造	57.39	2.28	130.85	I
	29	台内	黄金口	构造-岩性	7.19	2.28	16.39	III
	31	台内	杨家坪	构造-岩性	56.77	2.28	129.44	I
	32	台内	东升	岩性-构造	19.43	2.28	44.30	II
	33	台内	曾家坝	构造-岩性	16.67	2.28	38.01	II
	34	台内	朱家嘴	岩性-构造	7.89	2.28	17.99	III

区块	序号	所处沉积相带	圈闭名称	圈闭类型	圈闭面积/km²	计算用储量丰度/(10⁸m³/km²)	估算圈闭资源量/10⁸m³	综合评价
铁山坡—罗家寨	35	台内	高张坪	岩性-构造	3.49	2.28	7.96	III
	36	台内	高张坪西	构造-岩性	5.81	2.28	13.25	III
	37	台内	白马庙西	岩性-构造	3.67	2.28	8.37	III
	38	台内	袁四沟	岩性-构造	22.22	2.28	50.66	II
	39	台内	冷风漕	构造-岩性	24.46	2.28	55.77	II
	40	台内	土溪口	构造-岩性	13.95	2.28	31.81	II
	41	台内	四方碑南	构造-岩性	13.68	2.28	31.19	II
	42	台内	包家山东	构造-岩性	14.68	2.28	33.47	II
	43	台内	南家沟	岩性-构造	15.18	2.28	34.61	II
	44	台内	雨台山	岩性-构造	7.14	2.28	16.28	III
	45	台内	走马坪	构造-岩性	7.43	2.28	16.94	III
	46	台内	碑牌沟	构造-岩性	12.84	2.28	29.28	II
	47	台内	双龙桥北	构造-岩性	7.98	2.28	18.19	III
	48	台内	双龙桥西	构造-岩性	18.11	2.28	41.30	II
	49	台内	月溪场	岩性-构造	15.59	2.28	35.55	II
	50	台内	紫水坝	岩性-构造	4.89	2.28	11.15	III
	51	台内	罗家院子	构造-岩性	55.21	2.28	125.88	I
	52	台内	麻柳坝	岩性-构造	14.28	2.28	32.56	II
	53	台内	赤溪寺	构造-岩性	26.49	2.28	60.40	I
菩萨殿—马槽坝	65	台内	赵家湾北	构造-岩性	9.68	2.28	22.07	II
	66	台内	赵家湾东	岩性-构造	7.49	2.28	17.08	III
	67	台内	赵家湾西	岩性-构造	18.2	2.28	41.50	II
	68	台内	温泉镇南	构造-岩性	15.73	2.28	35.86	II
	69	台内	菩萨殿东	岩性-构造	7.74	2.28	17.65	III
	80	台内	高峰寨	构造-岩性	18.94	2.28	43.18	II
	81	台内	新兴寺	岩性-构造	8.75	2.28	19.95	III
	82	台内	熊家桥	构造-岩性	2.76	2.28	6.29	III
	83	台内	马槽坝	构造-岩性	23.59	2.28	53.79	II
	84	台内	白果寺	岩性-构造	26.13	2.28	59.58	II
	85	台内	沙陀南	构造-岩性	11.46	2.28	26.13	II
正坝—菩萨殿	55	台内	上八庙场	构造-岩性	4.13	2.98	12.31	III
	56	台内	唐家湾北	构造-岩性	5.76	2.98	17.16	III
	57	台内	将军山	构造-岩性	10.88	2.98	32.42	II
	58	台内	三板桥	构造-岩性	16.84	2.98	50.18	II
	59	台内	三板桥东	构造-岩性	12.11	2.98	36.09	II
	60	台内	谭家湾南	构造-岩性	28.14	2.98	83.86	I

区块	序号	所处沉积相带	圈闭名称	圈闭类型	圈闭面积/km²	计算用储量丰度/(10⁸m³/km²)	估算圈闭资源量/10⁸m³	综合评价
正坝—菩萨殿	61	台内	温泉镇西	构造-岩性	33.56	2.98	100.01	I
	62	台内	李家坝西	构造-岩性	13.14	2.98	39.16	II
	63	台内	黄草坪南	构造-岩性	14.8	2.98	44.10	II
	64	台内	李家坝	构造-岩性	8.44	2.98	25.15	II
	70	台内	菩萨殿北	构造-岩性	11.84	2.98	35.28	II
	71	台内	兴隆寺东	构造-岩性	8.53	2.98	25.42	II
	72	台内	兴隆寺西	构造-岩性	16.13	2.98	48.07	II
	73	台内	长店坊	构造-岩性	18.48	2.98	55.07	II
	74	台内	沙湾塘北	构造-岩性	27.9	2.98	83.14	I
	75	台内	正坝南	岩性-构造	14.19	2.98	42.29	II
	76	台内	何堰坝	构造-岩性	26.53	2.98	79.06	I
	77	台内	三汇口	构造-岩性	13.93	2.98	41.51	II
	78	台内	川王庙	构造-岩性	19.74	2.98	58.82	II
	79	台内	沙湾塘	岩性-构造	40.38	2.98	120.33	I
总计					1565.65		5721.95	

参 考 文 献

陈洪德，钟怡江，侯明才，等，2009. 川东北地区长兴组—飞仙关组碳酸盐岩台地层序充填结构及成藏效应[J]. 石油与天然气地质，30(5)：539-547.

池国祥，周义明，卢焕章，2003. 当前流体包裹体研究和应用概况[J]. 岩石学报，19(2)：201-212.

郝芳，等，2005. 超压盆地生烃作用动力学与油气成藏机理[M]. 北京：科学出版社.

黄思静，Qing H R，胡作维，等，2007. 四川盆地东北部三叠系飞仙关组碳酸盐岩成岩作用和白云岩成因的研究现状和存在问题[J]. 地球科学进展，22(5)：495-503.

乐光禹，1998. 大巴山造山带及其前陆盆地的构造特征和构造演化[J]. 矿物岩石，18(S1)：14-21.

李岩峰，曲国胜，刘殊，等，2008. 米仓山、南大巴山前缘构造特征及其形成机制[J]. 大地构造与成矿学，32(3)：285-292.

刘树根，罗志立，2001. 从华南板块构造演化探讨中国南方油气藏分布的规律性[J]. 石油学报，22(4)：7，24-30.

卢焕章，范宏瑞，倪培，等，2004. 流体包裹体[M]. 北京：科学出版社.

罗志立，刘树根，刘顺，2000. 四川盆地勘探天然气有利地区和新领域探讨(下)[J]. 天然气工业，20(5)：4-8.

马永生，田海芹，1999. 碳酸盐岩油气勘探[M]. 东营：石油大学出版社.

赵文智，汪泽成，王一刚，2006. 四川盆地东北部飞仙关组高效气藏形成机理[J]. 地质论评，52(5)：708-718.

郑荣才，耿威，郑超，等，2008. 川东北地区飞仙关组优质白云岩储层的成因[J]. 石油学报，23(11)：815-821.

Adams J E，Rhodes M L，1960. Dolomitization by seepage refluxion[J]. AAPG Bulletin，44(12)：1912-1920.

Allan J R，Wiggins W D，1993. Dolomite reservoirs—Geochemical techniques for evaluating origin and distribution[M]. Tulsa：AAPG.

Allan U S，1989. Model for hydrocarbon migration and entrapment within faulted structures[J]. AAPG Bulletin，73(7)：803-811.

Aydin A，2000. Fractures，faults，and hydrocarbon entrapment，migration and flow[J]. Marine and Petroleum Geology，17(7)：797-814.

Davies G R，1979. Dolomite reservoir rocks：Processes，controls，porosity development//Moore C H. Geology of carbonate porosity[M]. Tulsa：AAPG.

Hao F，Guo T L，Zhu Y M，et al.，2008. Evidence for multiple stages of oil cracking and thermochemical sulfate reduction in the Puguang gas field，Sichuan Basin，China[J]. AAPG Bulletin，92(5)：611-637.

Zhao W Z，Luo P，Chen G S，et al.，2005. Origin and reservoir rock characteristics of dolostones in the early Triassic Feixianguan Formation，NE Sichuan Basin，China：Significance for future gas exploration[J]. Journal of Petroleum Geology，28(1)：83-100.